化学工业出版社出版 学术著作出版基金资助出版

在历史中重构：

工业建筑遗产保护更新理论与实践

RENOVATION IN HISTORIC ENVIRONMENT:

THEORY AND PRACTICE OF PROTECTION AND RENEWAL IN THE INDUSTRIAL ARCHITECTURAL HERITAGE

韦 峰 主编 徐维波 刘晨宇 副主编

U0390559

化学工业出版社

·北京·

内容提要

本书首先总结了关于工业遗产保护与更新方面的理论知识，从保护理论与更新实践紧密结合的角度，按照不同保护更新模式，选取了国内有代表性的 15 个案例，从工业建筑遗产文化特征的角度，分别详细阐述了其更新设计理念、改造策略、设计方法和使用情况；配以丰富的设计图纸和实景照片，对案例的生成过程、前后对比加以详细解析。最后提供了国外近 40 年一些优秀案例的概况。

本书理论与实践紧密结合，图片丰富，对从事工业建筑保护、改造的工程设计人员及城市管理人员、高等院校师生都有较大的参考价值。

图书在版编目（CIP）数据

在历史中重构：工业建筑遗产保护更新理论与实践 / 韦峰主编．
-- 北京：化学工业出版社，2014.11
ISBN 978-7-122-22022-6

Ⅰ．①在… Ⅱ．①韦… Ⅲ．①工业建筑 – 文化遗产 – 保护 – 中国
Ⅳ．① TU27

中国版本图书馆 CIP 数据核字（2014）第 235000 号

责任编辑：徐　娟　　　　　　　　　　　　　　装帧设计：龙腾佳艺
　　　　　　　　　　　　　　　　　　　　　　封面设计：张　辉

出版发行：化学工业出版社（北京市东城区青年湖南街 13 号　邮政编码 100011）
印　装：北京画中画印刷有限公司
710 mm×1000 mm　　1/12　　印张 19　　字数 300 千字　　2015 年 1 月北京第 1 版第 1 次印刷

购书咨询：010-64518888（传真：010-64519686）　　售后服务：010-64518899
网　　址：http://www.cip.com.cn
凡购买本书，如有缺损质量问题，本社销售中心负责调换。

定价：88.00 元　　　　　　　　　　　　　　　　　　　　版权所有　违者必究

随着我国城市化进程的深入发展，大量传统工业先后遭遇行业衰退和逆工业化过程，许多城市面临着产业的"退二进三"、"退城进园"，以及随之而来的对工业用地和建、构筑物的保护、更新和再利用问题。于是，在工业遗存的拆除与保留、遗弃与利用上，出现了激烈的碰撞，这种碰撞不仅存在于某个地区，而且普遍存在于具有工业遗产资源的所有城市。尽管近年来一部分工业遗产开始被列入保护之列，但大量存在的尚未进行界定、未受到重视的工业建筑和旧址，正急速从城市的界面消失，烟消尘散后留下了城市记忆的空洞。

现在，越来越多的人已经开始认识到，工业遗产是文化遗产中不可分割的一部分。工业社会时代的历程虽然只有二三百年，但其创造的财富和对世界以及人类生活的影响，都远远超过之前几千年的总和，工业遗产直观地反映了人类社会发展的这一重要过程，具有历史的、社会的、科技的、经济的和审美的价值，是社会发展不可或缺的物证。

工业遗产不是城市发展的历史包袱，而是一笔宝贵的物质财富，一旦消失，就像抹去了城市一部分最重要的记忆一样，使城市近现代工业化进程的历史出现一片空白。因此，保护工业遗产就是保持人类文化的传承，培植社会文化的根基，维护文化的多样性和创造性，促进社会不断向前发展。

保护工业遗产的活动起源于英国。早在 19 世纪末期，英国就出现了"工业考古学"，强调对工业革命与工业大发展时期的工业遗迹和遗物加以记录和保存，这一学科使人们萌发了保护工业遗产的最初意识。随着工业化进程加速，至 20 世纪 70 年代，较为完整的保护工业遗产的理念逐渐形成。1978 年，在瑞典召开了第三届产业纪念物保护国际会议，成立了国际产业遗产保护联合会（TICCIH）。从那时起，产业遗产保护的对象开始由产业"纪念物"转向产业"遗产"。

2003 年 7 月在俄罗斯下塔吉尔召开的 TICCIH 第 12 届大会，通过了《有关产业遗产的下塔吉尔宪章》，宪章阐述了工业遗产的定义，指出了工业遗产的价值，以及认定、记录和研究的重要性，并就立法保护、维修保护、教育培训、宣传展示等方面提出了原则、规范和方法的指导性意见，标志着世界对工业遗产的保护进入了新的阶段。对于工业遗产保护和再利用的模式，国外比较常见的有：主题博物馆模式；公共休憩空间模式；创意产业园区模式；与购物旅游相结合的综合开发模式；工业博览与商务旅游开发模式。

相比较而言，虽然我国的工业遗产保护更新理论研究和实践操作起步较晚，但可喜的是，许多具有远见卓识的地方政府和机构，在大力推进当地经济社会可持续发展的进程中，重视工业遗产的保护，并取得了令人称道的业绩。人们对工业建筑遗产保护的关注度越来越高，成功的案例越来越多，在全国呈现出蔓延的态势。同时，在工业建筑遗产保护更新模式上，除创意产业园以外，还出现了与市民生活相关的博物馆、城市公园、矿山公园、高校校园等再利用模式。这些新的变化和趋势，必将会对我国未来工业建筑遗产保护和再利用起到积极的促进作用。

本书在充分研究工业建筑遗产保护理论和大量实际改造案例资料的基础上，从保护理论与操作实践紧密结合的角度，按照不同保护改造模式，选出了国内具有代表性的 15 个案例，从工业建筑遗产文化特征的角度，分别详细阐述了其更新设计理念、改造策略、设计特色和使用情况，配以详细文字和丰富的图片，对案例的生成过程、前后对比加以详细解析，以期读者通过阅读本书，不但可以充分体会工业建筑遗产的建筑形式和文化内涵，还能引发对工业建筑遗产保护与更新设计层面的更深层次的思考和领悟。

本书由郑州大学建筑学院韦峰主编，徐维波、刘晨宇副主编。参加本书编写的还有上海同济城市规划设计研究院刘晓星博士、深圳大学艺术与设计学院宋鸣笛、郑州市文物考古研究院别治明、郑州大学建筑学院 2012 级研究生徐维涛和 2013 级研究生王丹、天津大学建筑学院 2013 级研究生王正。在编写过程中，参考了国内外有关著作、论文和一些网站资料，书中一些图例摘自其中，未一一注明，敬请谅解，如有不妥之处也请原作者、专家及读者批评指正。

编者

2014 年 4 月

|目录|

"一个事物是新的，然后变旧过时，然后被废弃，只有到后来他们重生之际，才有了所谓的历史价值。"

——凯文·林奇（Kevin Lynch）

第一部分　工业建筑遗产保护更新理论与实践

1.1 城市工业遗产的本体研究

1.1.1 城市工业遗产的概念

城市工业遗产❶，在英文文献中称为"Urban Industrial Heritages"。目前，在研究中对于城市工业遗产的基本概念，有诸多理解。

工业（Industry），是指采掘自然物质资源和对各种原材料进行加工、再加工的社会生产部门；工业建筑（Industrial Architecture），是指用于工业生产、加工、维修的建筑物与构筑物的总称，通常指工业革命以来以机器大生产为主要生产方式所使用的建筑物与相关构筑物；工业用地（Industrial Land），是指城市中工矿企业的生产车间、库房、堆场、构筑物及其附属设施（包括其专用的铁路、码头和道路等）的建设用地；工业遗址（Industrial Heritage），是指那些工业活动的场所，如开采后废弃的矿山等。

2006年4月18日，中国工业遗产保护论坛通过的《无锡建议》认为工业遗产是具有历史价值、社会价值、科技价值、审美价值、独特性价值和稀缺性价值等的工业文化遗留物。这些遗留物包括车间、厂房、矿山、仓库等，也包括教育机构、工业技术和工业进程等。

国家文物局前局长单霁翔认为：广义的工业遗产包括工业革命前的手工业、加工业、采矿业等年代相对久远的遗址，如湖北大冶铜矿、丰都炼锌遗址，其至还包括一些史前的大型水利工程和矿冶遗址；狭义的工业遗产是指工业革命后的工业遗存，在中国主要是指19世纪末、20世纪初以来中国近现代化进程中留下的各类工业遗存。

俞孔坚认为：我国的工业遗产有狭义和广义之分。狭义的工业遗产是指鸦片战争以来中国各阶段的近现代工业建筑，它们构成了工业遗产的主体；广义的工业遗产是指具有一定重要价值的建筑物和机器设备等。

一般而言，学术界普遍认为《下塔吉尔宪章》（Nizhnytagil charter for the Industrial Heritage）中对工业遗产的界定较为准确且完整地反映了工业遗产概念的内涵与外延。工业遗产是具有历史价值、技术价值、社会意义、建筑或科研价值的工业文化遗存。包括建筑物和机械、车间、磨坊、工厂、矿山以及相关的加工提炼场地、仓库和店铺、生产、传输和使用能源的场所、交通基础设施，除此之外，还有与工业生产相关的其他社会活动场所，如住房供给、宗教崇拜或者教育。

1.1.2 工业遗产资源构成与分类

工业遗产资源包括物质资源与非物质资源两大部分。

（1）物质资源。物质资源包括一切与工业生产相关联的，按照工业生产工艺流程需要和一定功能关系布局的所有相关物质实体以及由物质实体形成的特色景观。比如：建筑物和构筑物、设施设备、交通传送、动力供应、配套服务等。

（2）非物质资源。非物质资源是指在企业成立、发展和演变的历史和过程，与工业生产相关的工艺流程、

---

❶ 本文中的"城市工业遗产"指曾经依托城市而设立的，现位于老城区内或者城郊的工业遗产。

产品、产值、产量、规模，在国民经济、社会生活中的作用，以及在解决就业、促进社会发展、改变人民生活的作用等方面。主要包括企业文化、企业精神、管理模式、技术创新、历任领导、模范代表等方面。

1.1.3　工业遗产的分类

工业遗产的分类方式众多，本文根据其本质特征从时间尺度、空间规模尺度、与城市位置关系三个方面对其进行以下分类，如表 1-1-1 所列。

1.1.4　工业遗产的价值

虽然，工业遗产中有些已经丧失了原有的生产功能和经济效益，但国际上广泛认为，工业遗产具有以下几个方面的价值。

（1）历史和社会价值。工业遗产反映了人们的生产方式和生活历程，对某些工业过程具有特殊的历史意义和社会意义。

（2）科技和审美价值。工业遗产在建筑、工艺等方面有科学研究的价值，同时有些工业遗产建筑本身就是集建筑和美学于一体的体现，具有重要的审美价值。

（3）独特性和稀缺性价值。某些工业遗产在非物质遗产方面独特性，这些非物质遗产包括生产流程和生产技能等，且有些工业遗产由于某些原因正濒临消失而具有稀缺性。

1.1.5　工业遗产的国际认定标准

工业遗产的认定标准目前主要有：UNESCO（联合国教科文组织）清单所列的文化遗产标准；ICOMOS（国际古迹遗址理事会）专项标准；Stephen Hughes 煤矿类遗产的认定标准三种。

UNESCO 清单所列的工业遗产主要依据下面的准则。

表 1-1-1　工业遗产的分类

分类依据	具体类别	具体描述
时间尺度	广义工业遗产	包括工业革命前的手工业、加工业、采矿业等年代相对久远的遗址、遗物及史前时期的石器遗址以及大型水利工程、矿冶遗址等
	狭义工业遗产	18 世纪从英国开始的工业革命，以采掘自然物质资源和对各种原材料进行加工、再加工与以机器生产为主要特点的工业遗产
空间规模尺度	衰败工业区域	十几到几十平方千米，如德国鲁尔区、埃姆舍河谷
	城市旧工业区	几十公顷到几百公顷，如伦敦码头区、格兰威尔岛
	城市废弃工厂	几公顷到几十公顷不等，如西雅图煤气厂
与城市位置关系	郊野工业遗产	距市区很远的纯郊区空旷地带，多为依托自然资源的工业，如矿山开采，在我国有出于早期军事目的的三线建设
	城郊工业遗产	随城市的发展而与城市的位置关系发生了变化，在城市老城区外围，多为大中型制造业和污水处理场等废弃物处理场地
	城区工业遗产	位于城市老城区内部或蜗居在城市中心，城市早期工业化的产物，多为内河港口与小型轻工业

（1）代表了某些具有特色的建筑类型和人类的伟大创造。

（2）体现了一定时间段和一定区域特殊的文化景观。

（3）对已经消失的工业建筑或工艺的纪念价值。

（4）反映了具有特殊意义的事件、工艺、建筑等。

ICOMOS 组织专题研究，提出一些关于特定类别工业遗产认定的专项标准如下。

（1）体现典型的、具有代表性的工业建筑和工业进程，虽然经过了长时间历史的考验，仍然成为典型案例的特殊遗存。

（2）是社会经济发展的见证。城市工业遗产经历了不同历史时期经济的发展进程，是城市工业化进程的重要见证者。

（3）体现科学技术的进步和发展。城市工业遗产代表了进步的工业技术和工艺，尤其体现了建筑学的进步和发展，展现了人类的聪明才智。

针对煤矿类工业遗产，Stephen Hughes 提出下面的认定标准。这些准则适用于煤矿生产单个构成要素、整个矿场甚至成片矿区景观的评估。

（1）独一无二的成就，是人类智慧和创造力的杰作。煤矿不仅是建筑物，而且是机器设备的巨大的综合体，常常被作为独特功能建筑和设备设计工艺的代表。

（2）对重大技术进步产生深远影响。尤其要重视将现有或新技术应用到煤矿开采设备的过程中去，以及注意到这些煤矿生产的技术是国家之间和洲际传播的标志。

（3）历史上某个重要阶段在特征和结构等方面比较典型的范例。包括煤矿生产的结构和特征以及辅助的工人住区，体现了早期生产技术与当地环境及文化的融合。

（4）与具有普遍意义的社会经济的发展直接相关。例如因采掘煤矿吸引人口在此处不断的聚集，从而产生了新的住宅需求，与生产生活相配套的教育设施和社团结构也随之建立起来。

（5）机能、结构和特点的原始真实性。煤矿的重要价值之一在于它的实际功能，某些生产部件的维护、修理和更换并不影响已经评定的工业遗产的原始真实性。

（6）现有的法律保护和管理水平。

1.2 城市工业遗产研究的发展历程

1.2.1 城市工业遗产研究的发展阶段

（1）城市工业遗产研究的萌芽（19 世纪中期～20 世纪 50 年代）。19 世纪中期，工业遗产的保护问题率先在英国引起重视，并出现了工业遗产的展览，虽然相关工业遗产的理论研究并未真正出现，但是出现了少量的景观更新实践，比如纽约中央公园❶、比乌特绍蒙公园❷。

---

❶ 纽约中央公园（Central Park）占地 843 英亩（约 341 万平方米），于 1856 年建成，Frederick Law Olmsted 和 Calbert Vaux 两位庭院设计师以园林学为设计准则，将工业废弃地变成了市民的休闲空间，更是全球人民所喜爱的旅游胜地。

❷ 比乌特绍蒙公园（Parc des Butte Chaumont）位于法国巴黎，公园前身先是采石场，后为垃圾场。著名工程师阿尔芳（J.C.Alphand），从废弃材料中创造出新形式以及富于戏剧性的景观艺术，使其成为造园史上著名的案例。

（2）城市工业遗产研究的产生（20世纪50～70年代）。20世纪50年代城市工业遗产的研究正式出现，60年代获得较快发展。在此过程中，"工业考古"的研究奠定了重要基础，此外，由英国公共工程部（Ministry of Public Buildings and Works）主持的"全英工业遗迹普查"活动起到了普及工业遗产的价值与意义的作用（1966年以后由英国考古委员会接管），这为后来的工业遗产的保护研究奠定了坚实的理论与实践研究基础。此时，工业遗产的保护实践处于单一学科的实践性探索，如具有代表性的吉拉德利广场❶。

（3）城市工业遗产研究的发展（20世纪70～90年代）。20世纪70年代，由于经济的转折，传统工业特别是钢铁煤炭和旧城内港持续衰退，产生了大量的城市工业遗产，在此背景下，现实问题刺激了工业遗产的理论研究，较以前在研究的宽度与深度方面都有很大提升。国外在工业遗产研究历程中，欧洲理事会（Council of Europe）及1978年组成的国际工业遗产保护委员会（The International Committee for the Conservation of the Industrial Heritage，缩写为TICCIH）起到了十分重要的作用，前者主要关注欧洲，后者则是一个世界性的工业遗产组织。在这两个委员会的组织下，工业遗产研究获得了很大的发展。欧洲理事会1985年以"工业遗产，何种政策？"为主题，1989年以"遗产与成功的城镇复兴"为主题召开了国际会议。在国际工业遗产保护委员会的历届大会上，涌现出相当多的有关工业遗产的研究论文和专题报告。同时，这一时期产生了广泛普遍的实践，如斯内普麦芽音乐厅❷、伦敦码头区开发❸、西雅图煤气厂公园❹。

（4）城市工业遗产研究的成熟（20世纪90年代至今）。2003年，TICCIH在俄罗斯举行的国际工业遗产协会全体代表大会通过了《下塔吉尔宪章》，明确定义了工业遗产的概念，并对其保护与普查进行了详细的阐述，标志着工业遗产的研究开始走向成熟。

同时在我国，工业遗产的研究出现了本土化的趋势。在世界工业遗产保护和再利用的背景下，在《下塔吉尔宪章》精神的基础上，2006年4月18日，国家文物局在无锡召开了中国首届工业遗产保护与利用研讨会，通过了有关工业遗产保护的文件《无锡建议》；参加研讨会的学者与来自国家文物局的中央和地方官员一致同意对潜在的工业遗产进行调查和识别是工业遗产保护的第一

---

❶ 1963年劳伦斯·哈普林（Lawrence Halprin）设计的美国旧金山吉拉德利广场（Chirardelli）将已废弃的巧克力厂、毛纺厂改建为商店机餐饮设施，提供新功能的同时，保留了该地区的传统地标，并提出了"建筑再循环"理念。

❷ 1967年，英国索福克郡（Suffolk）斯内普（Snape）的老麦芽厂被丁伯格狂欢节的组织者看中，将麦芽厂乡土气息浓厚的厂房改建为爱丁伯格狂欢节的音乐厅。在其后的二三十年中麦芽厂的其他厂房也被改造为旅馆、餐饮、商业、画廊等设施。

❸ 在英国传统工业严重衰退的背景下，伦敦码头区开发是英国20世纪80～90年代城市发展的重要组成部分。通过对其的再开发，在战略上缓解了伦敦城市中心区开发的压力，为城市经济结构的转型、经济振兴和英国在全球经济一体化下的国际竞争做出了突出贡献。

❹ 1970年，景观师理查德·哈格（Richard Haag）被委托在始建于1906年的西雅图煤气厂旧址上建造新的城市公园。设计强调了资源的再利用，根据少费多用的原则充分发掘工业遗存的潜在价值，在工业废弃物再利用的审美问题上确立了新的价值观。

步。此后，国家文物局着手整理文物普查结果，并在按照国家级、省级、市级、县级和区级对工业遗产进行评级和录入之前，对工业遗产进行专门的调查和评估，并在此基础上制定保护规划。

此时，世界上工业遗产保护实践出现了普及发展的态势，伴随着西方发达国家，如德国鲁尔区的成功经验（以 IBA 埃姆舍公园项目、杜伊斯堡公园为代表）开始向东亚国家传播，在亚洲出现了较有代表性的仙游岛公园❶、中山岐江公园❷。

1.2.2 城市工业遗产的理论研究

城市工业遗产研究涵盖了城市规划、建筑、景观、遗产保护、地理、文化、社会、经济等多个学科，为多样而丰富的工业遗产保护的理论与实践研究提供了非常好的研究平台。表 1-2-1 列出城市工业遗产的理论研究。

表 1-2-1　城市工业遗产的理论研究

研究角度	国外	国内
城市规划研究	对于鲁尔地区的更新：Robert Shaw 从可持续发展的规划思想角度探讨；Prof.Klaus R.Kunzmann 从城市事件的角度发表了多篇文章，阐述了埃姆舍公园国际建筑展；Ursula von petz 的分析侧重于物质空间环境的区域规划与产业发展之间的关系	张伶伶、夏柏树在《东北地区老工业基地改造的发展策略》一文中提出了"新城市 - 工业"社区理论；周陶洪在《旧工业区城市更新策略研究》中提出了综合发展策略，包括经济、社会、文化、生态等不同侧重面；俞孔坚、方琬丽在《中国工业遗产初探》中梳理了中国近现代工业发展历程，甄别了潜在的工业遗产
工业建筑保护与再利用研究	Lawrence Halprin 在美国旧金山的吉拉德里广场的设计实践中，提出了建筑"再循环"的理论；博物馆常常作为工业遗产保护及利用的主体，吸引了不少研究者的关注，如 Bowditch J、Hendricks J、DeCorte B 等	庄简狄在《旧工业建筑再利用若干问题研究》一文中从可持续发展角度讨论再利用的途径；王建强、戎俊强在《城市产业类历史建筑及地段的改造再利用》一文中系统阐述了再开发利用的方式和改造设计的技术措施；王驰在《产业建筑遗存的改造性再利用——一种可持续发展的城市设计策略》一文中将产业建筑遗存纳入到城市设计层面研究

❶ 仙游岛公园位于韩国首尔，是第一座由废弃污水厂改造而成的城市生态公园，也是首尔第一座循环利用的绿色空间。设计师郑荣善、赵成龙等强调了时间的概念，以新的语汇重新诠释了工业元素，体现了"记忆不是记录，而是理解与诠释"的设计理念。

❷ 中山岐江公园是中国首例典型后工业公园，位于广东中山，岐江河畔，设计师俞孔坚等以"尊重足下文化，展示野草之美"为设计理念，注重基地生态，发掘地段历史，注重工业元素的展示与包装。

研究角度	国外	国内
后工业景观研究	Kirsten Jane Robinson 在《探索中的德国鲁尔区城市生态系统：实施战略》中根据鲁尔区城市生态规划建设的实例，探讨了德国目前正在进行的生态策略和新的城市规划范式；Weilacher.U 在《Between landscape architecture and land art》一书论述了废弃工业环境中的大地艺术和景观设计实践；Naill Kirkwood 编辑的《人工场地：对后工业景观的再思考》是一本针对废弃地更新的汇集百家言论的专著	王向荣、任京燕在《从工业废弃地到绿色公园——景观设计与工业废弃地的更新》中论述了后工业景观设计中蕴涵的涉及美学、艺术、生态及其他相关人文科学的丰富设计思想，探讨了设计中运用的独特手法；贺旺在论文《后工业景观浅析》中提出了分级保护的思想，总结了工业景观设计的范式与思想；李辉在《工业遗产地景观形态初步研究》中提出了综合性的再利用将是未来的主要趋势，工业遗产地景观形态将走向"第四自然"
工业遗产旅游	Richard C.Prentice 等分析了旅游者对工业遗产地的旅游需求；J.Arwel Edwards（英国）、Joan Caries（英国）、Liurdés I Coit（西班牙）提出工业遗产旅游吸引地应被列入更广泛的遗产旅游的框架中，论述了工业遗产地的形象体制	李蕾蕾在《逆工业化与工业遗产旅游开发：德国鲁尔区的实践过程与开发模式》中总结了工业旅游的 3 种开发模式；吴相利的《英国工业旅游发展的基本特征与经验启示》从经营管理理念的分析入手，归纳总结了英国工业旅游发展的基本特征
遗产保护方法	Berliet P 研究了工业遗产的保护途径和方法，Binney M 和 Aldous T 则分析了英国工业遗产状况及对本国工业遗产进行保护的必要性	单霁翔在《关注新型文化遗产——工业遗产的保护》中阐述了工业遗产的普查与认定、立法与保护规划等方面的内容
管理及再利用研究	Alfrey J 和 Putnam T 在《遗产：关注 - 保护 - 管理》系列丛书中的《工业遗产，管理资源利用》颇具代表性	刘健、唐燕等以鲁尔为研究对象，介绍鲁尔转型中的管理体制与理念的创新
生态学研究	Francisco Asensio Cerver 在《环境恢复》一书系统介绍了世界各地特别是欧洲的景观师在生态环境恢复和废弃地景观更新方面的案例	包志毅在《工业废气地生态恢复中的植被重建技术》中论述了植被重建是恢复工业遗产地生态系统的首要工作；钱静在《工业废置地的生态恢复与景观再生》中论述了生态恢复的具体策略
经济学与社会学研究	Strauss Charles H、Lord Bruce E、Jones C 和 Munday M 等人从经济影响方面对工业遗产地的研究等；Naveh 从人类社会与自然的关系探讨工业遗产地景观；Robert Billington 从社会和经济角度研究了人们重返美国工业的诞生地 Blackstone Valley 的原因	苗琦在《从"隐性"经济因素方面谈产业建筑再利用》中从经济角度分析"价值工程"在产业建筑再利用评测中的应用

1.2.3 城市工业遗产的实践研究

城市工业遗产的理论研究不仅取得了丰硕的成果，而且，城市工业遗产的实践研究呈现多元综合发展。表1-2-2从功能转化的角度，梳理城市工业遗产实践研究的方方面面。

1.3 中国工业遗产的发展阶段与特征

1.3.1 中国工业遗产的发展阶段划分

中国的工业化，或者说现代化进程有太多的曲折经历，并表现出明显的历史阶段性，而每一阶段的工业遗产具有独特的社会、经济和历史文化含义和价值。俞孔坚从发生学和历史学的角度，在中国社会发展的视野中，将近、现代工业发展历程总体上分为：近代工业遗产（1840～1949年）和现代工业遗产（1949年之后）两大阶段（表1-3-1）。

表1-3-1 中国近现代工业发展时期

时期	时间	分属
近代工业	1840～1894年	中国近代工业产生时期
	1895～1911年	中国近代工业初步发展时期
	1912～1936年	私营工业资本迅速发展时期
	1937～1948年	抗战和战后短暂复苏时期
现代工业	1949～1965年	新中国社会主义工业初步发展时期
	1966～1976年	社会主义工业曲折前进时期
	1976年至今	社会主义现代工业大发展时期

表1-2-2 城市工业遗产的实践研究

功能转化	国外	国内
公共开放空间模式	美国西雅图煤气厂公园（Gaps Work Park）；德国北杜伊斯堡公园（Landschafts Duisburg Nord）；德国国际建筑展埃姆舍公园（IBAEmscher Park）	中山岐江公园；上海世博会后滩公园；黄石国家矿山公园；唐山南湖公园；抚顺海州露天矿国家矿山公园
博览馆与会展中心	德国弗尔克林根炼铁厂；德国埃森的关税同盟煤矿（Zollverein）；德国多特蒙德的措伦Ⅱ号、Ⅳ号煤矿（Zollern Ⅱ／Ⅳ）	福州马尾船厂；江南造船厂；上海钢铁十厂；沈阳铸造博物馆
文化设施	瑞士温特图尔苏尔泽工业区；英国索福克郡（Suffolk）斯内普（Snape）音乐厅	北京远洋艺术中心
创意产业园	英国曼彻斯特科技园区（Manchester Science Park）；加拿大温哥华格兰威尔岛（Granville Island）；美国纽约苏荷街区（SOHO，South of Houston Street）；英国伦敦的东区（East-End）；德国柏林奥古斯特大街（Augustrstr）	北京798工厂；西安建筑科技大学华清学院；上海八号桥；上海半岛1919创意园；深圳华侨城创意文化园；南京晨光1865创意产业园；上海春明艺术创意产业园（M50）；上海田子坊创意产业园
居住	瑞士维也纳煤气厂四座煤气塔；英国伦敦新肯考迪亚公寓（New Concordia Wharf）	天津（原天津玻璃厂）万科水晶城
商业	美国旧金山吉拉德里广场（Ghirardelli Square）；德国奥伯豪森的中心购物区（Centro）；美国旧金山渔人码头（Fisherman's Wharf）	上海国际时尚中心
综合功能	德国鲁尔工业区（Ruhr）	沈阳铁西区工业建筑遗产改造

（1）近代工业遗产可以划分为以下几个阶段。

① 近代工业产生阶段的工业遗产（1840～1894年）。1840年鸦片战争的失败，使清帝国从自我陶醉中惊醒，满朝文武开始寻求强国之策，试图"制器之器"、"以夷制夷"，试图通过引进西方近代工业，来巩固摇摇欲坠的满清王朝，制衡西方列强，客观上使中国近代工业的众多领域实现了从无到有的零的突破。兴办近代工业的主力是清政府具有维新思想的，以曾国藩、张之洞、李鸿章、左宗棠等为代表的洋务派官员创办的官办产业，以及满怀实业兴国思想的民族资本家。同时很大一部分产业由来自英国、美国、德国和俄国等资本主义国家的经济殖民势力及其买办创办。传统手工业发展遭遇现代机器大工业的冲击，但在轻工业领域仍然占据较大的市场份额。这一时期的工业遗产十分丰富，如汉阳铁厂、金陵机器局、大沽造船厂等。

② 近代工业的初步发展阶段的工业遗产（1895～1911年）。1895年中日甲午战争，李鸿章苦心经营20年的北洋海军全军覆没。随后中日签订的《马关条约》迫使国门洞开，日本和其他西方列强国家资本在华随意设厂，而中国的民间资本则在夹缝中困难求生。工业投资的重点领域仍然集中在船舶修造、矿山开采等关乎国计民生的行业，轻工业则以纺织、面粉为主。这一时期的工业企业增多，每个行业内部也初步形成多足鼎立的局面。此时，典型的工业遗产包括：日耳曼啤酒股份公司青岛公司、横道河子中东铁路建筑群、昆明石龙坝水电站、南通大生纱厂、上海阜丰面粉厂、景德镇瓷业公司、北京东直门自来水厂、商务印书馆等。

③ 私营工业资本迅速发展时期的工业遗产（1912～1936年）。近代中国工业最终没有挽救、实际上反而加速了满清王朝的灭亡。日本侵略势力在中国的投资占绝对的优势，并把其投资逐渐延伸到煤矿、铁矿、纺织、面粉等重要的行业，而且他们大量掠夺中国资源，排挤中国的民族产业。随着清帝的退位，民族资本奋然崛起，北洋军阀政府以及后来的南京国民政府军政要员、归国华侨成为重要的工业投资者，近代工业逐渐走向自主发展。此时，工业遗产包括：个碧石铁路、鸡街火车站等。

④ 抗战和战后短暂复苏时期的工业遗产（1937～1949年）。"九·一八"事变后，日本帝国主义成立工业综合体，疯狂掠夺中国资源，供给在华战争军需。由于华东地区主要城市沦陷，中国开展了一场由国民政府组织、爱国民族资本家积极响应的工厂内迁，促进了西南地区的开发和工业化进程。为抗战而建立的兵工厂更是记载了中华民族不甘受屈辱而愤起抵抗反击外来侵略的历史，黄崖洞兵工厂就是这一时期的典型例证。

（2）1949年新中国成立后，社会主义现代工业发展历程经历了频繁而不平凡的政治变革，都在中国的工业遗产上打上了烙印，在世界工业遗产中独树一帜。这些遗产分属三个阶段。

① 社会主义工业初步发展时期的工业遗产（1949年新中国成立到1965年文革前）。这一阶段，新中国对原外资企业、国民政府经营企业、民间私营企业以及手工业进行了不同程度的社会主义改造，并在苏联专家的援助下，兴建了一批大型重工业企业，初步形成了门类比

较齐全的现代工业基础。大跃进时期"以钢为纲"的方针造成了严重的社会经济不良后果，但另一方面也留下了属于那个时代特殊的工业景观。包括1958年开始兴建的酒泉卫星发射中心，1959年的石油工业中的松基三井，1958年开始兴建的核试验基地等。

② 社会主义工业曲折发展时期的工业遗产（1966～1976年的十年文革）。这一时期，社会主义现代工业在动荡中曲折发展。处于备战考虑在西南腹地新建重工业基地的"三线建设"运动，大大促进了西南地区的开发，形成了一批新兴的工业城市。这个阶段的工业遗产目前并没有得到应有的重视。

③ 社会主义工业大发展时期的工业遗产（1976年文革结束，改革开放之后）。改革开放之后，中国工业所有制结构发生了很大变化，个体与私营工业、乡镇企业、外资企业的崛起，国有工业比重下降，开创了多元化工业经济格局。随着工业化进程的深入，传统制造业在一定程度上活力降低，老工业基地产业转型过程中涉及大量工业用地重新利用。此时，东北老工业基地振兴、首钢搬迁都成为学术界和社会共同关注的热点问题。

1.3.2 中国工业发展阶段潜在的工业遗产特征

按照上述中国工业的不同历史发展时期，对中国近、现代工业发展时期潜在的工业遗产进行分析。发掘和认定工业遗产，一般认为，所选取的典型案例应该与重大历史事件有重要的联系；具有高技术的水平与促进本区域甚至更大区域经济增长的能力；在建筑景观、建筑特色等方面具有一定的独特性和创造性；在原工业企业的管理等方面有一定的创新性。

（1）近代工业潜在遗产的特征。第一时期：中国近代工业的产生时期（1840年鸦片战争～1895年中日《马关条约》之前）。这一时期传统手工业的发展遭遇了现代机器大工业的冲击，但轻工业领域仍然在整个工业中具有较重要的位置，占据较大的市场份额。中国近代工业的产生时期形成的潜在的工业遗产很丰富，这一时期创办工业的主体主要是外国资本独立经营、清政府洋务派经营、中外合资经营、买办经营和太平天国农民政权。同时，不同的创办主体还可以划分为不同的行业，不同的行业所代表的典型的工业遗产也有所不同。外商资本独立经营可以划分为五种不同的行业：船舶修造业、出口加工工业、轻工业、市政与公用事业和铁路，每个行业所对应的典型案例分别是：广州黄埔船坞、上海缫丝厂、上海正裕面粉厂、上海自来水公司和上海淞沪铁路。清政府洋务派经营可以划分为四种不同的行业：军事工业、民用工业、基础设施与公用事业和轻工业，每个行业所对应的典型案例分别是：江南制造局、台湾基隆煤矿、广州电灯厂和广东南海继昌隆缫丝厂。中外合资经营只能划分为一种行业，即市政基础设施，典型案例是天津自来水公司。买办经营也只能划分为一种行业，即轻工业，典型案例是上海昌源机器五金厂。太平天国农民政权可以划分为两种行业，分别是重工业和轻工业，两个行业所对应的典型案例分别是太平军火药厂和百工衙。

第二时期：中国近代工业的初步发展时期（1895年《马关条约》～1911年辛亥革命）。这个时期中日签订了《马关条约》，这个不平等条约使得西方的列强国家和日本可以随便在中国建立工厂，使中国的民间资本得不到很好的发展。这一时期工业的创办主体主要是外商独资经营、清政府官办、民族资本经营和中外合资经营。其中，外商独资经营可以划分为两种不同的行业，分别是重工业和轻工业，对应的典型案例分别是太古船坞公司和英商上海怡和纱厂。清政府官办可以划分为重工业和轻工业两个行业，对应的典型案例分别是京张铁路和景德镇瓷器公司。民族资本经营可以划分为重工业和轻工业两个行业，对应的典型案例分别是求新船厂和江苏南通大生纱厂。中外合资经营只有轻工业一个行业，典型案例是上海丝织公司。

第三时期：私营工业资本迅速发展时期（1912年民国元年~1936年抗战前夕）。这一时期日本对中国的投资愈演愈烈，他们投资的行业主要包括铁矿、钢铁、面粉和纺织等，同时日本开始大量地掠夺中国的资源，中国的民族产业受到了排挤。清帝的退位促进了民族资本的崛起，近代工业逐步走向了自主发展的时期。这一时期的工业创办主体主要是外商独资经营、北洋军阀/国民政府官办、民族资本经营和中外合营。外商独资经营可以划分为重工业、轻工业和公用事业三个行业，对应的典型案例分别是兴中公司、日商内外棉株式会社和美商上海电力公司。北洋军阀/国民政府官办可以划分为重工业和轻工业两个行业，对应的典型案例分别是上海兵工厂和秦皇岛辉华玻璃厂。民族资本经营可以划分为重工业和轻工业两个行业，对应的典型案例分别是太湖水泥公司和上海中国化学工业社。中外合营只可以划分为重工业一个行业，典型案例是鞍山煤矿。

第四时期：从抗战时期走向战后的复苏时期（1937

年抗战爆发~1949年新中国成立前夕）。"九·一八"事变后，中国工业开始短暂复苏。随着抗日战争的爆发，许多兵工厂相继而建，这些兵工厂记载了中华民族不甘忍受外来侵略而愤起抵抗的历史。这一时期工业的创办主体主要是日本帝国主义经营、国民政府官办和中国共产党在革命根据地经营。日本帝国主义经营只能划分为工业综合体一个行业，典型案例是满洲重工业开发株式会社。国民政府官办可以划分为重工业和轻工业两个行业，对应的典型案例分别是吉林丰满发电所和商务印书馆。中国共产党在革命根据地经营可以划分为重工业和轻工业两个行业，对应的典型案例分别是陕西延安延长石油厂和绥德大光纺织厂。

（2）现代工业潜在遗产的特征。中国现代工业可以划分为三个时期：初步发展时期、曲折发展时期和迅速发展时期。每个时期所拥有的潜在的工业遗产不同。初步发展时期工业的创办主体包括改造收归国有的工业、新建国营工业、经过工业化改造的私营企业等，每个创办主体所对应的典型案例分别是中国纺织建设公司、长春第一汽车厂和天津永利化工厂。曲折发展时期工业的创办主体是国营工业，其典型案例是四川德阳第二重型机械厂。

1.3.3　中国国家级工业遗产

中国城市工业遗产的保护实践刚刚起步，但是，对城市工业遗产的价值以及对城市发展的重要性认知等方面越来越重要。当前，我国第五批与第六批重点文物保护单位共有12处为工业遗产，如表1-3-2所列。

在这些工业遗产中，中东铁路建筑群位于黑龙江省

表 1-3-2　国家重点文物保护单位中的工业遗产

入选批次	入选年	产业遗产名称	建立年代	地点
第五批	2001 年	大智门火车站	1903 年	湖北省武汉市
		中国第一个核武器研制基地旧址	1957～1995 年	青海省海北藏族自治州西海镇
		大庆油田第一口油井	1959 年	黑龙江省大庆市
第六批	2006 年	汉冶萍煤铁厂矿旧址	清	湖北省黄石市
		石龙坝水电站	清	云南省昆明市
		个旧鸡街火车站	民国	云南省个旧市
		五家寨铁路桥	清	云南省屏边苗族自治县
		兰州黄河铁桥	清	甘肃省兰州市
		坎儿井地下水利工程	清	新疆维吾尔自治区吐鲁番市
		钱塘江大桥	民国	浙江省杭州市
		黄崖洞兵工厂旧址	1941 年	山西省黎城县
		中东铁路建筑群	清	黑龙江省海林市

海林市的横道河子镇，建筑群内有保存完好的俄式建筑200余栋。中东铁路是根据《中俄密约》，在1897年由华俄道胜银行承办建设的通过黑龙江、吉林直达海参崴的铁路。横道河子中东铁路建筑群共分为6处，分别是圣母进堂教堂、机车库、伪满警备队驻地、大白楼、木屋、海林站旧址。

青岛啤酒厂早期建筑位于山东省青岛市，是目前中国最大啤酒厂之一。青岛啤酒博物馆是青啤发展历程及企业文化的直观载体，集百年建筑历史和文化、生产工艺流程、企业文化交流、啤酒娱乐、购物为一体，分百

年历史和文化、生产工艺、多功能区三个参观游览区域，共十几个参观点。其中包括具有百年历史的啤酒世纪广场、曾用于生产的水井及生产啤酒的糖化锅、发酵池等。

酒泉卫星发射场遗址位于甘肃省酒泉市黑河下游，同时还是中国最早的导弹实验场，在中国导弹、航天事业及国防科技发展史上，都占有非常重要的地位。其中1号、2号、50号发射场遗址所完成的"两弹"结合试验，堪称是世界导弹试验史上的伟大创举。中国第一颗人造地球卫星、第一颗返回式侦察卫星、"东风"5号洲际导弹的成功发射，为中国导弹技术和航天事业的发展，做

出了巨大的贡献。酒泉卫星发射场遗址附近的烈士陵园中，埋葬着 400 多位为新中国的国防科技和航天事业捐躯的烈士遗体。

2006 年 4 月，有 9 处近现代工业遗产入选第六批全国重点文物保护单位。

2013 年 5 月，有 50 余处近现代工业遗产入选第七批全国重点文物保护单位，其中包括：北洋水师大沽船坞遗址（1880 年）、塘沽火车站旧址（1888 年）、开滦唐山矿早期工业遗存（1879 年）、大连南子弹库旧址（1884 年）、大连旅顺船坞旧址（1890 年）、长春第一汽车制造厂早期建筑（1956 年）、大庆铁人一口井井址（1960 年）和新疆第一口油井（1909 年）等[1]。

2012 年 9 月国家文物局公布重设的《中国世界文化遗产保护预备名单》，其中工业遗产有：中国白酒老作坊、青瓷窑遗址、黄石矿冶工业遗产、万山汞矿遗址和芒康盐井古盐田[2]。

1.4　中国工业遗产保护与利用存在的问题

1.4.1　理论研究的问题

（1）工业遗产的非物质遗存研究不足。目前，关于工业遗产保护的视角多关注于对其场地、构筑物或设备等实体的保护上，忽视了对工业遗产的相关遗存的保护与利用，如工业建筑的发展资料、生产工艺以及精神记忆等。目前，这些珍贵资料快速流失，而这些遗存同样承载着城市发展的记忆，是工业遗产不可或缺的一部分。现今，对工业遗产的相关非物质内容的研究与分析尚属空白。

（2）评价机制的研究成果缺乏。国内关于工业遗产评价的研究成果不足，直接影响到对工业遗产的价值认识的不到位、保护和利用等相关措施制订不标准，对其意义、范围、分类标准、评价标准尚未建立。就现有的研究成果看，评价方法为静态的，未对时间进行定义，缺乏对历史发展性和城市更新等重要特征的考虑。且因地域不同，各地的评价方法应有所不同。

（3）理论研究尚待完善。国内工业遗产相关的理论基础研究和实践还处于初级阶段，已有工业建筑的改造与再利用积累了一定的宝贵经验，并借鉴了国外的经验做法，但不少实践还未上升到理论。国内关于国外的理论研究还存在着资料与信息数量不多、内容不全等问题。从分析现有的研究成果看，对目前的各类工业遗产尚未形成系统的筛选、调研、认定、重新利用、后续管理等一系列办法。

1.4.2　实践研究的问题

中国城市工业遗产的保护实践才刚刚起步，应该说是在理论研究准备不足的情况下进行的。从当初的大拆大建到现在的保护利用，人们的态度正在发生着积极的变化。但是在积极转变的背后，也伴随着大量的实践问题，

---

[1] 参考 2013 年 5 月公布的《第七批全国重点文物保护单位》。
[2] 参考 2012 年 9 月国家文物局公布的《中国世界文化遗产保护预备名单》。

具体说来有以下几个方面。

（1）认识的局限，城市工业遗产命运的岌岌可危。由于地区经济差异的存在，各地区对待城市工业遗产保护与再利用的态度存在着两极分化，表现为许多有价值的城市工业遗产的拆毁和"单一性"的再利用模式的迅速蔓延：有些城市尚未认识到工业遗产的价值，固有的观念使他们习惯于把久远的物件当作文物和遗产，对于眼前刚被淘汰、被废弃的工业设施选择一拆了之，比如，沈阳拆除了4000座烟囱，未来的城市从此缺少了曾经的工业地标（图1-4-1）；有些城市在未认清城市工业遗产的情况下，就如火如荼地开展城市工业遗产的再利用实践，从一个极端走向了另一个极端，比如，上海铺天盖地的创意产业园建设的背后体现了我国的部分城市工业遗产的保护与再利用实践存在一定的盲动性（图1-4-2）。

（2）自发的利用，城市工业遗产再利用与城市缺乏互动。由于政府早期认识的不足，在一些城市出现了自发再利用城市工业遗产的现象，一些前卫建筑师与艺术家往往是工业遗产实践的主导力量，其实践本身一定程度上保护了工业遗产（图1-4-3、图1-4-4），但是这类实践往往基于艺术观，就城市工业遗产而论城市工业遗产，更多地关注解决"眼前问题"和"自身问题"，缺乏从宏观出发的城市视角，忽视城市工业遗产再利用与城市之间的内在互动关联性与地区性问题，导致了一部分有价值的城市工业遗产在"再利用"的光环下，成为独立于城市的功能与空间而存在的"创可贴"。

（3）基础研究缺失，城市工业遗产的保护与再利用脱节。目前，中国很多城市工业遗产的实践往往

○ 图1-4-1　沈阳拆除曾经的工业地标

○ 图1-4-2　如火如荼的创意产业园建设

○ 图1-4-3　以个体参与者为单位的局部保护

○ 图1-4-4　基于艺术观的个体探索

脱离保护的基础，而关注其"再利用"的表面风光，诸如现实中许多符号化的表面处理，变异与拼贴，成功模式的简单套用，难以掩盖内部的无力与虚幻，保护与再利用因此成为互不相干的两种途径。这些与现实严重脱离的作品，不仅没继承城市工业遗产的精髓，反而阻碍了地区性新的发展。因此，打破以往"人云亦云，泛泛而谈"的怪圈，回归到城市工业遗产的基础研究中去，比如：城市工业遗产评价与分级，原真性与完整性的研究，并使之成为再利用的基础，是理论与实践领域的当务之急。

1.5 城市工业遗产更新的典型模式

随着城市工业遗产研究的不断完善与发展，对城市工业遗产的保护与更新呈现多元模式。基于城市工业遗产保护与更新的再利用，从功能置换的角度，一般而言，可以分为"博物展览"模式、"艺术园区"模式、"公园绿地"模式、"创意产业"模式、"大学校园"模式。

1.5.1 以保护展示为主要出发点的"博物展览"模式

（1）模式简介。"博物展览"模式适用于具有较高历史、艺术、科学价值的工业遗产，以历史文化保护为主要出发点，保护建筑风貌，延续历史文脉。对于某些具有确定的历史文物保护价值和工业考古价值的工业遗产，可

以借用《国际古迹保护与修复宪章》（《威尼斯宪章》）的相关要求进行保护。

（2）典型案例——沈阳铸造博物馆。沈阳市铁西区地处沈阳市中心偏西南，面积 40km²，2008 年人口 103 万，是新中国建国初期建设的以机电工业为主体、国有大中型企业为骨干的综合性工业生产基地，曾经是我国重要的重工业基地。在经历了近百年的工业发展之后，工业历史建筑非常丰富，是一个有着丰富历史和工业文明的老城区，素有"东方鲁尔"之称。

铁西区对工业遗产的保护形式以建立博物馆、发展工业遗产旅游以及构建工业文化广场为主。在 20 世纪 90 年代开始的"东搬西建"过程中，沈阳铸造厂的大型翻砂车间及其生产线被保留下来，借助工业元素、旧机器设备等工业雕塑为主体，配以景观改造，留驻铁西老工业基地的历史印迹，以原旧厂房为节点进行文化场馆改造，改建成了一座集中展现老工业区工业文脉的铸造博物馆（图 1-5-1），成为人们阅读东北老工业历史的重要载体。

○ 图 1-5-1　中国沈阳铸造博物馆

1.5.2 以时尚文化发展为主要出发点的"艺术园区"模式

（1）模式简介。"艺术园区"模式适用于具有一定历史文化、景观价值的工业遗产。大量工业建筑由于功能的衰退和利用率的降低被弃置，对其进行保护性改造，可以激发强烈的地域认同感。本模式的改造结果往往是一些文化、艺术产业项目。比如：北京798艺术区，北京751D·PARK时尚设计广场，上海半岛1919创意园，杭州运河天地文化创意园（大河造船厂），武汉汉阳造文化创意园，成都东郊记忆（东区音乐公园），深圳华侨城创意文化园（OCT-LOFT）。

（2）典型案例一——北京798艺术区。798艺术区位于北京市东北角朝阳区酒仙桥街道大山子地区。其所在的大山子（文化）艺术区，是原718联合厂等电子工业的厂区所在地。当时，工厂由于难以适应市场经济环境，产品不能适销对路，基本处于停产半停产状态，工人下岗，各厂均出租部分闲置厂房以渡难关。在城市地区功能转变的过程中，有不少艺术家进入，租用原有工业厂房设立工作

室、画廊，逐渐形成气候，该地区也成为北京新兴的活力地区，引起了广泛关注，成为国内外知名的艺术区。

艺术家参与的对旧建筑的改造，多以自发改造方式进行，一些荒废的旧管道被简单涂刷成为天然的展品；带有浓郁时代特征的标语、口号被保留下来，成为工业时代的见证；随处可见的涂鸦，则表现了艺术家们自由自在的创作状态。这种对环境的非建筑的操作手法，更容易让游客融入艺术的氛围中。它在文化再生、工业遗产再开发等方面都对棕地复兴产生了深远的影响（图1-5-2）。

（3）典型案例二——成都东郊记忆（东区音乐公园）。成都东区音乐公园地处成华区建设南支路四号，曾是成都红光电子管厂的厂区。2009年，成都市确定利用东郊老工业区中的原成都红光电子管厂旧址，将部分工业特色鲜明的厂区作为工业文明遗址予以保留，并与文化创意产业结合，打造音乐产业基地。同年，成都传媒集团与中国移动四川公司签订了合作协议，明确"中国移动无线音乐基地"入驻，由此确立了成都东区音乐公园以音乐产业为核心发展动力，以数字音乐企业聚集、明星资源聚集与开发、商业服务配套联动、数字音乐内容生产销售和新媒体产业开发，进而持续推动数字音乐发展的循环发展模式，共

○ 图1-5-2 北京798艺术区

同构建了完善的数字音乐文化链，使其成为一个不可拷贝的文化创意园区，为音乐文化提供更为广阔的发展空间（图1-5-3）。

1.5.3 以改善环境为主要出发点的"公园绿地"模式

（1）模式简介。工业文明对生态环境造成了严重的破坏和污染。对于污染程度较大、工业污染风险较高的棕地，改造为公园绿地更有利于棕地的生态修复。同时，公园绿地往往是最受社区居民欢迎的公共场所之一，改造起来投入低、阻力小，能在较短时间内就取得较好的效果。比如：中山岐江公园，黄石国家矿山公园（大冶铁矿区），2010上海世博会江南公园。

（2）典型案例——中山岐江公园。中山岐江公园原为粤中造船厂，20世纪90年代后期船厂解散，市政府决定将其改建成供市民休闲的城市公园。场地内遗留了不少造船厂房和机器设备，规划时，在对待产业用地及其构筑物的处理上，尝试了三种不同的设计途径，即保留、改造再利用和再生设计❶。另外，规划采取了一系列重塑生态环境的措施，打造自然与人文资源和谐共生的诗意景观（图1-5-4）。

设计强调足下的文化与野草之美，很好地融合了历史记忆、现代环境意识、文化与

○ 图1-5-3 成都东区音乐公园

○ 图1-5-4 中山岐江公园

---

❶ 俞孔坚，庞伟等.足下文化与野草之美——产业用地再生设计探索，岐江公园案例.北京：中国建筑工业出版社，2003.

生态理念，不仅是中国近代史的生动记忆，也是中山市民往常生活的工业时代再现。公园设计的主导思想是充分利用造船厂原有植被，进行城市土地的再利用，建成一个开放的、能反映工业化时代文化特色的公共休闲场所。围绕这一主题，突出历史性、生态性和亲水性三大特色，是我国首个城市公园和产业用地相结合的优秀范例。

岐江公园由于原厂址残破败落，不存在完整意义的工业遗产保护，只可能走再生和利用的途径，但是时间和场所的特质不是被消解，被平面化，而是通过对比强化、场景再现、抽象提炼等多种手法立体化、多层化。以生态植栽、装置语言的应用、特定工业素材的再构成组合、广义雕塑等形成人文涵义丰富且当代设计美学特征明确的公共空间。

1.5.4 以经济效益为主要出发点的"创意产业"模式

（1）模式简介。"创意产业"模式适用于地块经济价值较高，土地本身及其附属物的历史、文化、经济价值较低的区域。这些地段的土地往往升值潜力巨大，开发投资回报率较高，具有良好的交通和配套设施条件，可大大降低更新的成本。因此，它们往往成为盘活城市存量土地的上佳之选。本模式土地开发强度较大，主要更新为以高科技、商业金融、服务业等为主的第三产业。具体产业导向可以分为工业旅游产业、娱乐休闲产业、专项产业、高新科技产业四大开发模式。比如：上海国际时尚中心，杭州凤凰·创意国际产业园，南京晨光1865科技·创意产业园。

（2）典型案例——上海国际时尚中心。坐落于黄浦江畔杨树浦路2866号的上海国际时尚中心前身为上海第十七棉纺织厂，是百年老工业华丽转身的典范，目前已经成为亚洲最大的集时尚发布与展示为一体的时尚体验平台，已经承接了上海时装周闭幕式、华谊之夜等多项高端时尚活动。园区内拥有亚洲最大秀场、黄浦江游艇码头和大型时尚购物精品仓等设施，现隶属于上海纺织时尚公司。

经过改建后的上海国际时尚中心包括六大功能：时尚精品仓、多功能秀场、时尚创意办公、时尚餐饮娱乐、时尚会所、时尚公寓办公。其中，$1500m^2$的多功能秀场可容纳800名观众观看时装秀，后台可供300名模特、工作人员化妆候场，规模居亚洲之最；靠黄浦江一侧的卸货码头被改建成游船码头，观众可从外滩或陆家嘴乘船直达。上海国际时尚中心以工业建筑文化为底蕴，以时尚生活多元品位为核心，成为多种时尚元素融为一体的示范性的国际时尚中心（图1-5-5）。

○ 图1-5-5 上海国际时尚中心

1.5.5 以文化教育为主要出发点的"大学校园"模式

（1）模式简介。"大学校园"模式是一种比较特殊的保护模式，适用于工业遗产厂区产权置换后，产权归属学校的情况下，进行的保护更新与利用。因此，它们往往成为大学校园的补充发展。本模式土地开发，主要更新为教学楼、图书馆、实验楼等校园建筑。

（2）典型案例——西安建筑科技大学华清学院（图1-5-6）。西安建筑科技大学华清学院位于西安市幸福南路 109 号，利用原陕西钢厂厂区改造而成。陕西钢厂成立于 1958 年，1965 年全面投产，是年产 50 万 ~ 60 万吨钢的中型企业，占地 900 多亩（1 亩 =666.7m²，下同），建筑面积近 20 万平方米，曾为我国的国防事业和西安的经济发展做出巨大贡献。20 世纪末，陕西钢厂也像其他众多传统夕阳产业一样，陷入了无可避免的衰败之境，2001 年陕西省政府批准破产。同年，西安建筑科技大学策划收购陕钢作为第二校区——华清学院。

2009 年陆续完成教学区旧厂房、办公楼的改造和利用项目 50 多个。经过一系列的改造，目前，旧厂区已变成了新校区，一部分废弃的旧工业建筑如今已变身为教学楼、图书馆、实验楼等，旧工业区更新获得初步成功。实践证明，厂校双方结合是适时的、合理的，这一改造再利用项目是成功的，成为我国旧工业建筑改造再利用的典型案例，为类似的改造再利用可行性、适应性提供了有益的、宝贵的经验。

1.6 中国城市工业遗产保护与利用的展望

保护城市工业遗产不仅仅是保护一种传统，更是保护未来人类和发展的一种机会。我国近年来对工业遗产的研究虽然发展较快，但是还处于初级阶段，研究的角度也比较单一，理论与实践研究未能够有效的结合起来，需要进一步的完善发展。

1.6.1 立法保护有待加强

目前，我国尚无明确的针对保护工业遗产的法律，也没有对工业遗产建立一个国家层面的认定标准，政府和人民群众还没有意识到工业遗产的独特的价值，加之一些开发商的唯利是图，致使很多优秀的工业遗产面临"消失"的危险。工业遗产的保护不仅是学术界、艺术界

○ 图 1-5-6 西安建筑科技大学华清学院

的事，更需要政府和法律的支持，现阶段已经有学者提出了对工业遗产进行立法保护，对于违反规定，毁坏和破坏工业遗产的行为要依法进行严厉制裁，为工业遗产保护创造良好的法制环境。因此，在未来的发展中，对工业遗产的认定制定一个标准，编制我国工业遗产的清单，建立结构合理、行之有效的工业遗产法律保护体系，是对工业遗产保护的有效途径。

1.6.2 定性和定量研究将会相结合

在早期阶段，学者们对工业遗产的研究主要是在其定义、价值以及开发保护模式上进行探讨，多在价值层面上进行分析，定性描述居多。目前，尚无确定可行的城市工业遗产的评价系统，不能对工业遗产进行合理的分类，也无法建立保护分类系统等。因此，开展工业遗产的认定、评估已经迫在眉睫，同时利用数学方法以及一些计算机软件对工业遗产进行定量评析将会是工业遗产的一个新的研究领域。

1.6.3 工业遗产的保护模式趋向多元化

关于工业遗产的保护研究目前较多，从世界范围来看，对工业遗产的保护与利用研究主要是针对其价值进行可持续发展的研究，学者们已经对工业遗产的保护模式进行了分类，主要有博物展览模式、艺术园区模式、公园绿地开发模式、工业旅游产业模式、娱乐休闲产业的模式、专项产业型模式、时尚文化型办公园区模式、高新科技型创意产业模式等。随着社会的发展，对于工业遗产的保护研究将更趋向于多元化与多样化，原真性保护及由"静态保护"向"动态保护和适应性管理"的发展将成为保护工业遗产的发展主流。

1.6.4 多方参与机制保护工业遗产

城市工业遗产是人类优秀的文明成果，对城市工业遗产的保护，是全世界人民共同的责任。但是对工业遗产认识上的偏差，特别是工业化是环境污染的代名词的错误认识，导致大量优秀的工业遗产被破坏。为此，我们应当结合多种手段提高民众的工业遗产保护意识，加强宣传工作，让他们主动参与到遗产的保护中来。幸而，近十几年来"工业遗产"这个词越来越多地被我们所认识和接受，这个领域的保护研究也已经逐步开始并不断的发展壮大。

第二部分　中国工业建筑遗产保护更新实践

2.1

项目名称：北京 798 艺术区

项目地址：北京市朝阳区东北部大山子地区酒仙桥
　　　　　路 2-4 号

业主单位：北京七星集团

设计单位：中关村电子城

改造前用途：国营 798 厂

改造后用途：艺术园区

占地面积：33.5hm² (1hm²=10⁴m²，下同）

建筑面积：23 万平方米

始建时间：1957 年

改造时间：2000 年

798 艺术区位于北京市东北角朝阳区酒仙桥街道大山子地区（图 2-1-1、图 2-1-2），靠近北京四环路，北部有机场高速通过，交通比较便利，加上大规模的现代包豪斯风格的建筑群，无论从地理位置、空间环境还是建筑特色上都有其他艺术区无可比拟的优势，这也是 798 在短短十几年时间内发展迅速，并产生巨大影响力的重要原因。

798 艺术区所在的大山子（文化）艺术区，是原 718 联合厂等电子工业的厂区所在地，798 艺术区只是对这个区域的一个约定俗成的简称。798 艺术区西起酒仙桥路，东至 798 东街、北起酒仙桥北路，南至万红路，占地面积 33.5hm²，建筑面积 23 万平方米，由艺术家和艺术机构租用的建筑面积约 12 万平方米。其中，20 世纪 50 年代建厂初期建造的建筑面积 97229m²。

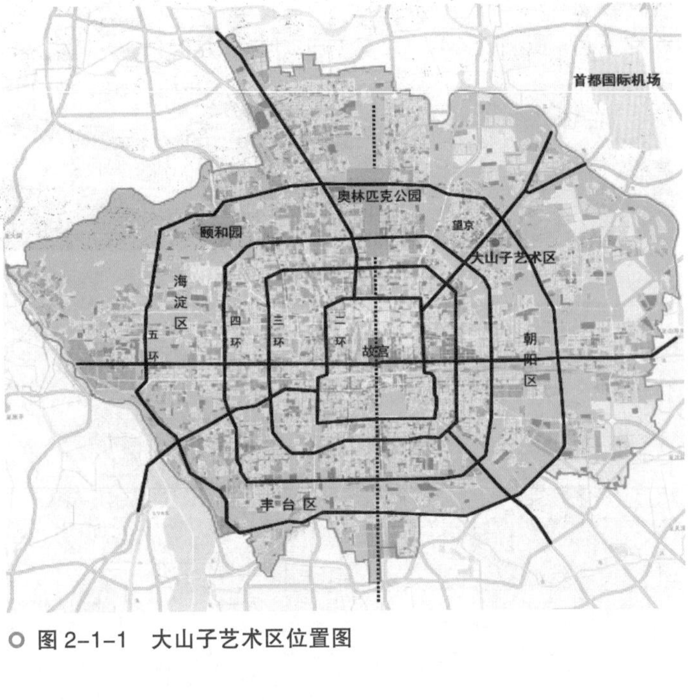

○ 图 2-1-1　大山子艺术区位置图

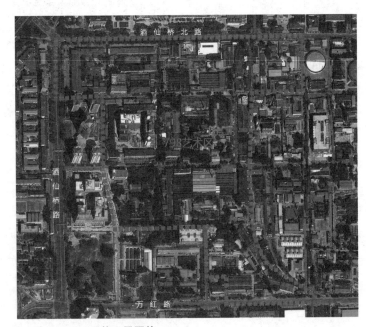

○ 图 2-1-2　现状卫星图片

2.1.1 场所解读

20 世纪 50 年代初，依据国家的战略规划，华北无线电器材联合厂最终决定在北京成立，此项目被列入新中国"一五"计划期间 156 项重点工程之一。1953 年 6 月，由民主德国援建华北无线电联合厂谈判成功，厂址定在北京东直门外王爷坟（现大山子），占地面积 64hm²，后改名为"718 联合厂"。1954 年秋开始动工，1957 年 10 月建成，建筑面积 23 万平方米，修建铁路专用线 13km，投资总额 1.5 亿元（图 2-1-3）。我国第一颗原子弹和第一颗人造卫星的许多关键元件、重要零部件就于此生产，因此这里被称为新中国电子工业的摇篮。

建成后的 718 联合厂分为 718 厂、798 厂、706 厂、707 厂、797 厂、751 厂和 11 研究所。718 联合厂于 1964 年 4 月建制撤销，划分为 797 厂、718 厂、798 厂、706 厂、751 厂、707 厂六个分厂，工厂直属于第四工业机械部。20 世纪 90 年代之后，伴随国企改革的深化，797 厂、718 厂、798 厂、706 厂、707 厂合并为七星集团，空间后来发展成为 798 艺术区；751 厂自行分出，改名为北京正东电子动力集团有限公司，其空间后来发展为 751D·PARK 时尚设计广场（图 2-1-4、图 2-1-5）。

当时，这些工厂难以适应市场经济环境，产品不能适销对路，基本处于停产半停产状态，70% 以上的车间停止运行，大批工人下岗，职工从 2 万人递减至不足 4000 人，各厂均出租部分闲置厂房以渡难关。在城市地区功能转变的过程中，有不少艺术家进入，租用原有工业厂房设立工作室、画廊，逐渐形成气候，该地区也成为北京新兴的活力地区，引起了广泛关注，成为国内外知名的艺术区。

2006 年，798 艺术区被北京市政府列为首批十个文化创意产业集聚区之一，并确定了保护中间、开发周边、确保稳定的持续发展原则。2007 年，798 近现代建筑群（原798 工厂）被列为北京市第一批《优秀近现代建筑保护名录》。随着 798 艺术区的保留，

○ 图 2-1-3　1957 年竣工后的 718 厂

○ 图 2-1-4　798 厂与 751 厂位置关系图

○ 图 2-1-5　2000 年的 798 厂区

持续的示范效应与辐射带动作用开始显现。东侧紧邻的751厂进行时尚设计广场的改造，以时尚创意设计为主题，2008年被北京市政府认定为市级集聚区，从而开辟了泛798艺术区的新篇章。

2.1.2 场所形成与特征

在闲置工业遗产基础上建立起来的798艺术区，在政府职能的支持下，通过保护、改造和再利用的景观工程，使生态、艺术和社会三者紧密相连，一个城市的历史文化与工业景观实现了完美的结合。场所中历史遗留下来的建筑物、构筑物，一些有意义的景观要素，在改造和再利用设计完成后，形成既符合现代审美观念，又具有场所特征的新景观，使衰退、弃置的工业场地得到再利用的机会，重新焕发出光彩，同时也改善了798艺术区及周边区域的生态环境，实现工业用地的可持续发展（图2-1-6）。

（1）艺术家进驻。1995年，中央美术学院雕塑系的部分教师租用798工厂的闲置车间作为大型雕塑创作的场所，从此开启了798老厂区向艺术区转变的序幕。由于厂房建筑的特点，高大的空间、自然的采光、原

始的情趣，非常适合艺术创作，当时租金相对低廉，地理位置又与中央美术学院邻近，吸引了大批的艺术家在此聚集，他们开始租用厂房建造自己的艺术工作室，798艺术区在短短的几年间里，吸引了大批艺术家迁来创作。

2002年前后是艺术家进驻798艺术区的高峰时段，艺术家创建自己的艺术工作室，推动了艺术区在短时期内的迅速形成。同时也出现了各种与艺术相关的机构、画廊，如罗伯特创办的现代艺术书店、徐勇创办的时态空间（图2-1-7），还有二万五千里文化传播中心、百年印象（图2-1-8）、东京艺术

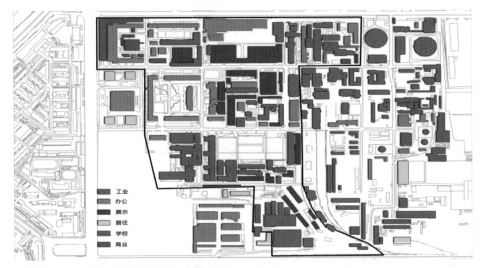

○ 图2-1-6　2006年厂区功能分布图

○ 图2-1-7　时态空间艺术画廊

○ 图2-1-8　百年印象摄影画廊

工程、北京季节等画廊，还有《世界都市》《乐》杂志社等。各种服务业、文化娱乐业也相继出现了，如餐饮、酒吧、服饰饰品店等也相继发展起来。

（2）功能转型。2006年，尤伦斯当代艺术中心的进入，标志着798艺术区已由一个艺术家聚集的区域成为了高度市场化商业化的热点地区（图2-1-9）。这里商业化氛围日渐浓厚，原有安静宽敞的创作环境消失，艺术家不得不另寻别处。现在的798艺术区已经由原来的艺术家集群向艺术机构和画廊集群转变，逐步转变成为艺术品公共展示、交易服务平台，成为北京市新文化的象征，大大提升了北京的城市形象。

（3）商业艺术活动。798艺术区存在着各种各样的创作：雕塑作品、波普艺术（Pop Art）、装置艺术品、涂鸦等，这些创作不仅存在于各个艺术家的工作室内，很多艺术

家把它们摆在自己工作室的门口、公共的街道旁边等（图2-1-10）。整个艺术空间从创作的室内空间向外拓展，室外更像是当时的展示平台，各种艺术创作的交错、互动对整个区域的艺术氛围起到了很大的作用。

（a）入口　　　　　　　　　　　　　　（b）室内

○ 图2-1-9　尤伦斯当代艺术中心

（a）群狼　　　　　　　　（b）铁人　　　　　　　　（c）红人

（d）打扫　　　　　　　　（e）某某人　　　　　　　（f）丹书

○ 图2-1-10　室外艺术作品

（4）现在与未来。现今，798 艺术区是一个文化创意产业园区的样板，聚集各类艺术机构 450 余家，画廊签约艺术家超过 2000 人；每年举办各类文化交流展示活动 2000 多场次，接待国内外游客 200 余万人次。同时，泛地区正在形成，798 艺术区附近的草场地、环铁地区和更远的宋庄，形成了几个规模化的文化艺术群落。

（5）发展历程总结。798 艺术区是两股力量良性互动的产物：一股是艺术家与艺术机构自然集聚的力量，另一股是地方政府与业主的推动力量，两股力量紧密互动，共同演绎 798 艺术区的发展史。798 艺术区的发展可以分为四个阶段：工业区阶段（1995 年以前）；初步形成阶段（1995 ~ 2003 年）；争议发展阶段（2003 ~ 2006 年）；规范引导阶段（2006 年至今）。798 艺术区各发展阶段特征见表 2-1-1。

2.1.3 发展模式

798 艺术区由最初民间自发形成的集聚区，演变为由政府和国有企业共同规划建设与管理的创意产业园区，其管理体制、运行机制体现了政府引导、企业主导、艺术机构参与的发展模式。

（1）管理体制。798 艺术区的管理体制由高层次的议事协调机构及其办事机构组成，即朝阳区委、区政府、七星集团等组成的"北京 798 艺术区领导小组"，下设工作机构"北京 798 艺术区建设管理办公室"。该管理体制的科学性依托于民主协商、集体决策，并借助于专家机制提供决策咨询；筹建艺术区发展促进会提供艺术家和艺术机构的支持。798 艺术区的管理体制的基本特征是地方政府与国有企业协同管理，地方政府、园区机构和经营主体相结合形成利益共同体，分担责任与风险。地方政府参与组

表 2-1-1　798 艺术区各发展阶段的特征

阶段	时间	社会背景	区域特征	形成机制	规划目标	存在问题
工业区阶段	1995 年以前	工业文明阶段；制造业迅速发展；人口数量急剧上升	单位所有的封闭厂区	计划经济时期；政府计划主导	扩大规模，发展制造业	污染严重
初步形成阶段	1995 ~ 2003 年	产业升级，制造业比重下降，租金低廉；艺术家处以"盲流"地位；城市化	半开放式的混合社区	艺术家自下而上自发聚集	大规模拆迁，发展成为第二个中关村：电子工业基地	社区管理问题突出；基础设施不完善
争议发展阶段	2003 ~ 2006 年	城市化进程加快，城市化不断扩张；工业遗产保护的提出；创意产业的兴起；人们对于文化艺术的需求	开放式的文化艺术区	艺术家自下而上自发聚集	徘徊于拆迁还是保留的问题上	租金问题；拆迁的不确定性；基础设施的极度匮乏
规范引导阶段	2006 年至今	创意产业繁荣发展优势显现；工业遗产保护理念的深化	逐步正规化的文化创意园区，城市文化旅游标志区域	文化创意群体自发性聚集与政府规划相结合	保留并升级为国际性的文化创意产业聚集区	艺术家、商业机构、政府等各方利益矛盾突出；过度商业化

建事业性质的机构，以代行从工业厂区到公共社区的综合协调服务与管理引导职能。

（2）运行机制。798 艺术区的运行以产权主体七星集团为主导，具体体现在：政府提供艺术区的市政配套设施，七星集团作为项目实施主体，统筹规划建设艺术区的公共服务平台；七星集团投资控股组建北京 798 文化创意产业投资股份有限公司，具体负责艺术区规划建设项目的运作，以及依托 798 品牌的对外合作；七星集团出资举办以艺术为主题的 798 艺术节和以产业为主题的 798 创意文化节；由七星集团物业部门提供艺术区的全方位物业管理服务。上述运行机制显示，798 艺术区是由国有企业掌控的集工业与艺术于一体的综合性的文化社区。图 2-1-11 为 798 艺术区各参与主体关系。图 2-1-12 为 798 艺术区保护更新机制流程。

2.1.4 经验与总结

（1）自下而上的自发改造方式。798 艺术区是多个艺术家各自展开艺术活动时的集体创造，不只是某位大师或知名设计机构的规划设计成果，因而体现出了工业建筑遗产自发、自我更新和改造的过程，尤显可贵。各个工作室多被改造为 Loft 空间，艺术家根据自己的创作需求对空间进行适应性改造，使得优化后的建筑空间满足工作、创作、甚至居住的要求。艺术家大多按照个人的喜好

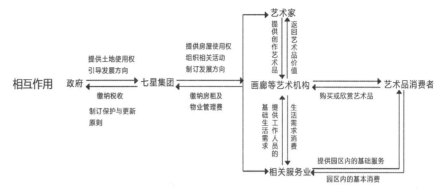

○ 图 2-1-11 798 艺术区各参与主体关系

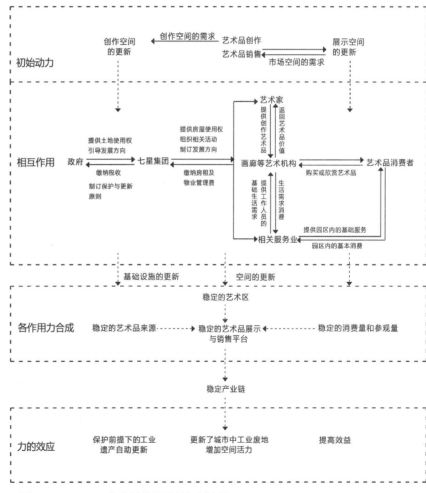

○ 图 2-1-12 798 艺术区保护更新机制流程

和需求，自行进行厂房改造，在改造过程中，基本保持了厂房结构、室外蒸汽管道、通风管道、室内设备和建筑外立面的原貌，或对其加以强化处理，创造出工业化的独特氛围。

厂房内部拆去吊顶，露出原有巨大尺寸的大梁和构件来直接界定空间，甚至在大跨度空间中加建距梁很近的夹层，坐在夹层可看透三跨的距离，起身后却只感觉到弧形的屋顶，在巨大尺度中制造出紧张的空间。新与旧、光明与静谧，都在不停地穿插交融，这种混合状态令人迷恋（如图2-1-13、图2-1-14）。

艺术家参与的对旧建筑的改造为我们提供了全新思路，并且通过艺术品展览，可以让更多群众了解历史建筑的价值：一些荒废的旧管道被简单涂刷，成为天然的展品；带有浓郁时代特征的标语、口号被保留下来，成为工业时代的见证；随处可见的涂鸦，则表现了艺术家们自由自在的创作状态（如图2-1-15）。这种对环境的非建筑的操作手法，更容

易让游客融入艺术的氛围中。但是，这种艺术家自发的改造方式仅限于改头换面，通常只是简单地加一个程式化的入口门厅，缺乏对整个艺术区整体景观的营造。

（2）局部的环境整治。2007年，798艺术区开始了基础设施改造和环境整治工程，主要对园区内进行基础设施的修整和完善。内容包括：对园区内道路

（a）入口空间的处理　　　　　　　（b）门窗的更换

（c）树木的保留　　　　　　　（d）裸露的设备管道

○ 图2-1-13　自发的适应性改造

（a）直接露明的结构　　　（b）夹层空间　　　（c）钢制楼梯

○ 图2-1-14　内部空间改造

两侧及闲置区域进行平整、拓展和清理工作；针对园区内部分支路路况较差的状况，结合排污线路铺设及路灯治理计划，改造园区内11条道路；增加消防方面的硬件设施；完善公共设施，如增设座椅、垃圾箱、公共厕所等（图2-1-16）。

（3）缺乏统一规划和改造指导。由于历史遗留问题，798地区现在成为居住区、艺术区、厂区、办公区等各功能区混杂的区域，因而缺少一些必要的配套设施，如道路、停车场、环卫设施、老旧电路改造、公共绿地、消防管道改造、照明设施等，应当通过规划统一设计，逐步改造、逐步更新，将工业建筑遗产与旅游开发、区域振兴相结合，发展文化事业、创意产业，把798地区建成吸引国内外艺术创作者和参观游客，同时兼顾周边居民服务的有本地区特色的区域，成为北京市的标志性区域。

（4）作为工业遗产的保护与改造。2007年12月，北京市规划委员会和北京市文物局联合公布的第一批《北京优秀近现代建筑保护名录》中，798近现代建筑群（原798工厂）位列其中。2009年2月，北京市工业促进局、北京市规划委员会、北京市文物局发布《北京市工业遗产保护与再利用工作导则》，其中第16条明确指出，在工业企业搬迁、工业用地转换性质、编制工业用地更新规划时应注重工业遗产的保护与再利用；在工业遗产的重点保护

区内安排建设项目时应当事先征得工业、规划及文物主管部门的同意。上述政策为创意工厂的兴起提供了法律基础，也使得市场自觉的行为与政府引导的方向完美结合，自下而上的市场力量与自上而下的政府力量在创意工厂有机融合，促进了首都经济的历史转型与文化经济的融合兴起。

（a）裸露的设备与展品融为一体

（b）墙体涂鸦

○ 图2-1-15　设备的保留和墙体涂鸦

（a）指示牌　　　　　（b）路标　　　　　（c）垃圾桶

○ 图2-1-16　充满设计感的公共设施

对列入《北京优秀近现代建筑保护名录》的工业建筑遗产不得拆除，应整体保留建筑原状，包括结构和式样；对于不可移动的建、构筑物和地点具有特殊意义的设施设备还应原址保留。在合理保护的前提下可以进行修缮，也可以置换建筑功能。但新用途应尊重其中重要建筑结构，并维持原始流程和活动，并且应当尽可能与最初的功能相协调。

对于遗产价值不高但再利用价值突出的那些量大面广的工业建筑遗存，应作为工业建筑资源进行再利用。可以对建、构筑物进行加层和立面改造，置换适当的功能，满足时代的需求。但应尽可能保留建筑结构和式样的主要特征，使得古老的工业遗迹与现代生活交相辉映，形成地区特色风貌和趣味性。

2.1.5 改造模式

（1）建筑特点。由原民主德国设计的工业建筑，体现了实用与效率的原则，建筑立面是平面功能的真实表现，简洁明快，充满体量感、几何感、秩序感。建筑内部空间高敞，屋顶为锯齿状，排列简洁有序；厂房的窗户朝南，自然光线均匀、柔和、实用，节省能源；建筑的平面功能很好地适应了现代大工业的生产需要，建筑风格简练、朴实，讲求实用，这批建筑大致分三类。

① 工业厂房。此类厂房室内空间较高，其中帆状部分厂房采用锯齿形现浇筒壳结构，梁柱形式为弧形Y状结构，融合梁柱的结构功能，屋顶形式是钢筋混凝土横向锯齿形天窗，窗户向外倾斜约15°，结构上更加稳定合理，有利于消除侧剪力，同时有利于排水（如图2-1-17）。建筑的外墙为清水红砖墙，混凝土勒脚，混凝土檐口，砖过梁，砖立砌窗台，条形横向天窗。

② 辅助用房。此类用房包括办公楼、工人宿舍、浴室、食堂等，有框架结构和砖混结构，建筑的外墙为清水红砖墙面，钢窗框玻璃窗户。

③ 设备用房。此类用房包括锅炉房、变配电用房、水站等，有框架结构和砖混结构，建筑的外墙为清水红砖墙面，钢窗框玻璃窗户（如图2-1-18）。

（2）改造模式。从设计的角度来看，由于特殊的行业要求和使用目的，使用者大都将原有的工业厂房进行

（a）厂房修建时，工人们在厂房拱顶上铺设钢筋　（b）保护性改造施工照片　（c）改造后的厂房

○ 图2-1-17　工业厂房

了重新定义和改造。改造设计侧重在室内空间功能的重新划分、地面处理、入口处的装饰等方面（如图 2-1-19）。尽量保持原有的工业厂房结构、有工业特征的管道、设备以及印有历史痕迹的标语口号，以激发后现代审美灵感，"新"与"旧"在这里展开了历史文脉与发展范式之间的对话，这些空置厂房经他们改造后本身成为新的建筑作品。

（3）改造策略。厂区整体采用了保持建筑外观面貌，遵循建筑空间结构的原则，对室内进行整体性规划策略。建筑层面上，主要集中在对空间再利用上。厂房采用大跨度弧形的天窗采光，并合理运用木材、玻璃、红砖等材料，根据功能需要对室内外进行改造。改造后的厂房在满足现有空间功能基础上，兼顾了历史元素，体现了艺术对历史性建筑的传承。

改造后的建筑充分保留这些元素，暴露着毫不修饰的混凝土梁柱结构，保留着废弃的设施，大量运用玻璃和钢质框架来分隔空间，形成内外景观的互相渗透。墙面上清晰地保留着那个年代的宣传标语，地沟里那些废弃的管线被透明玻璃覆盖，这些风格鲜明的元素被保留了下来，清楚地表达着那个年代的语汇。图 2-1-20 为工业建筑遗产保护评价图。

一类保护建筑：1960 年以前，东德专家设计。保护方法：完整保护建筑现状，根据保存的原始资料对损伤部位进行修复，对建筑周边相关环境进行系统保护，对建筑外部及内部墙体文字进行保护。

（a）二层办公楼　　　　（b）设备用房

（c）辅助用房山面　　　　（d）辅助用房侧面

◎ 图 2-1-18　辅助和设备用房

（a）入口放置雕塑　　　　（b）入口采用国画元素

（c）入口门头简洁现代　（d）入口充满禅意味道　（e）入口采用建构的手法

◎ 图 2-1-19　丰富的入口空间

二类保护建筑：1960～1970年，延续东德专家设计方式。保护方法：完整保护建筑现状，对建筑外立面进行清理修复，对周围相关环境进行选择性保护。

三类保护建筑：1970年以后，根据生产要求所衍生的工业配套厂房。保护方法：政策性引导，现状保护。

（4）设备特征。原工业区的设备有热电产业设备和煤气产业设备等，其中热电产业始建于20世纪50年代中期，各种管道纵横交错，宏伟壮观的锅炉房群、铁路专用线、输煤带、各类型吊机及烟囱展示着工业生产基地的历史；建筑室内仍保留着原有的设备，一些设备作为艺术展示的一部分，是历史的见证，另一些则和空间的改造再设计结合。工业设备的保留与再利用如图2-1-21所示。

（5）业态分布。798艺术区内共有艺术机构280家，从入驻机构和个人可以看出，画廊在798艺术区内占支配地位（如图2-1-22）。

（a）创意广场上的吊车

（b）保留的烟囱 　　（c）烟囱的利用

◎ 图2-1-21　工业设备的保留与再利用

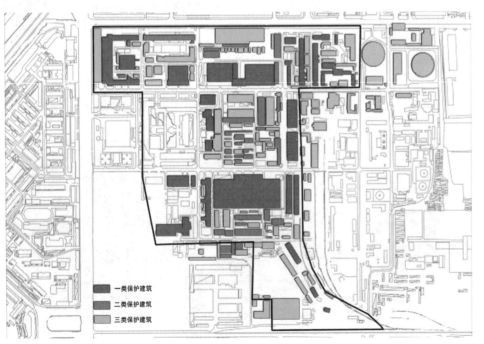

一类保护建筑
二类保护建筑
三类保护建筑

◎ 图2-1-20　工业建筑遗产保护评价图

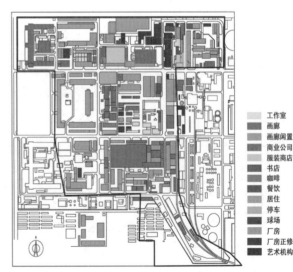

工作室
画廊
画廊闲置
商业公司
服装商店
书店
咖啡
餐饮
居住
停车
球场
厂房
厂房正修
艺术机构

◎ 图2-1-22　业态分布图

这表明了798艺术区逐渐从生产空间转化为展示空间。艺术创作已经逐渐从798艺术区迁移，而留下的更多是艺术品的展示平台和配套的商店、餐饮等服务设施。

2.1.6 建筑改造

（1）伊比利亚当代艺术中心。伊比利亚当代艺术中心位于798艺术区内，其位置相对偏僻，距798艺术区主入口有一定的距离，也不在798艺术区的主路或者轴线上（图2-1-23～图2-1-26）。建筑处在旧厂区较深的位置，被其他旧厂房环绕，建筑物因此也表现出隐匿、静谧的性格，门口那根原有粗大的管子挡在入口处，不仅使建筑犹抱琵琶半遮面，更将新修整的建筑立面与周围旧厂房串联融合在了一起。

基地原总建筑面积3000m²，其中最大的厂房建筑面积约为1000m²，净空高8～11m。改造设计的理念是在最大限度保持工业建筑外观的基础上，将现

| （a）改造前照片 | （b）改造后照片 |

（c）新加的砖墙　　（d）新与旧融为一体　　（e）红砖的砌筑

○ 图2-1-24　伊比利亚当代艺术中心

○ 图2-1-23　伊比利亚当代艺术中心位置图

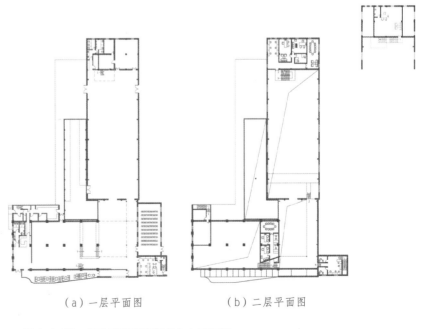

（a）一层平面图　　　　（b）二层平面图

○ 图2-1-25　伊比利亚当代艺术中心平面图

状零散的建筑转变为一个综合的艺术展示空间。沿街立面引入了一道 50m 长的砖墙，使得原本分散的 3 座旧厂房产生了一道完整连续的立面。新的建筑立面，并不是简单地替代了旧的立面，而是通过建筑形式和建构等方式与旧建筑进行对话。

立面砖墙采用相同的拼接花纹，只在低处出现了含蓄的微小变异，除了创造与众不同之外仍然使人可以识别其明确的特征，使人产生较强的认同感。建筑室内在保留原有墙体的基础上，在高大空间内加入了几个新的功能体块。除了展示空间外，还设有办公空间、书屋、报告厅、咖啡厅以及艺术书店等功能。

在厂房原有的建筑元素中，天窗提供了良好的展示采光条件，吊车象征着大厂房的某种原始形态和功能，所以本建筑直接保留了吊车和天窗，同时通过与楼梯的连接赋予吊车新的功能。在此大空间的末端是办公区和媒体展示区，参观者刚刚经过明亮的大跨通高展厅，突然陷入狭小

和黑暗的媒体展示区中，空间在这个原本简单的大厂房里再度发生变化。

（2）悦·美术馆。悦·美术馆位于 798 艺术区核心位置，总面积约 2600m²，2012 年建成。建筑的前身是一个 20 世纪 80 年代初建造的厂房，18m×48m 空旷厂房的主体为预制屋架结构，是 798 工厂中非常普通的一间。原厂房的功能已经停用，作为标准化的普遍存在的厂房自身并无太大的保留价值。在 798 艺术区的核心地段改造中，将其改建为一个以展览当代艺术为主的美术馆，为旧厂房的重生带来了机遇（图 2-1-27 ~ 图 2-1-31）。

① 植入内衬。在原有的厂房结构框架下，重新植入了一个全新的空间体，该空间体为了其自身的完整性，并没有和原有厂房建筑的外壳发生不必要的关联，

（a）屋顶

（b）夹层

◎ 图 2-1-26　伊比利亚当代艺术中心内部空间

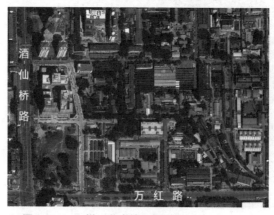
◎ 图 2-1-27　悦·美术馆位置图

◎ 图 2-1-28　悦·美术馆照片

而使其成为老厂房的全新的内衬，老厂房的外墙作为真实历史存在被毫无修饰地保留了下来，为了获得全新的建筑定义，封堵了原有的均置的外窗，新的红砖被填补到旧的红砖墙体中，形成了新的质感，承载了真实的时间厚度，纯白色的建筑内衬与旧厂房的外墙形成了鲜明的对比关系，

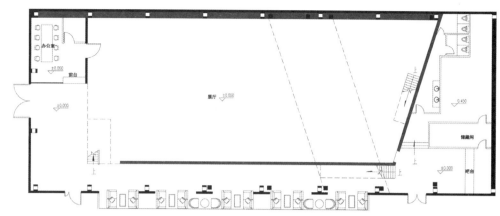

（a）一层平面图

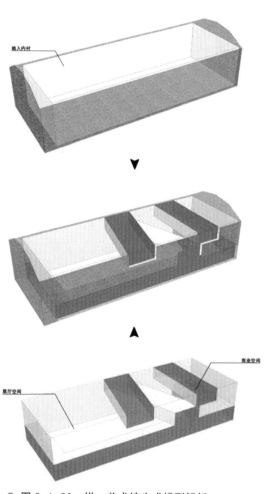

○ 图 2-1-29　悦·美术馆生成模型解析

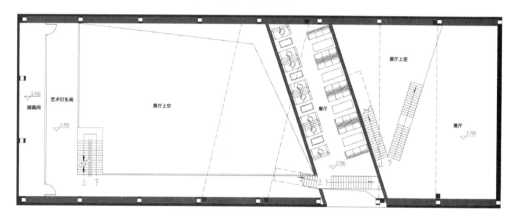

（b）二层平面图

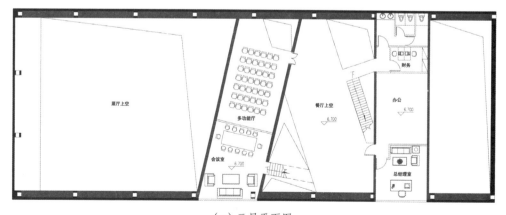

（c）三层平面图

○ 图 2-1-30　悦·美术馆平面图

使其从建筑的内部焕发出新的生命力。

②互反空间。在12m高的厂房空间里，为了实现展览空间的最大化，商业服务空间被插入了展览空间的空中，并将商业空间体反映到外墙的窗洞上，筒状的商业空间体透过与其相对应的外墙窗洞与室外空间形成了贯通的整体。自由插入的商业空间与展览空间形成了互反空间，即相互生长在一起但又界定清晰的空间体系。展览空间

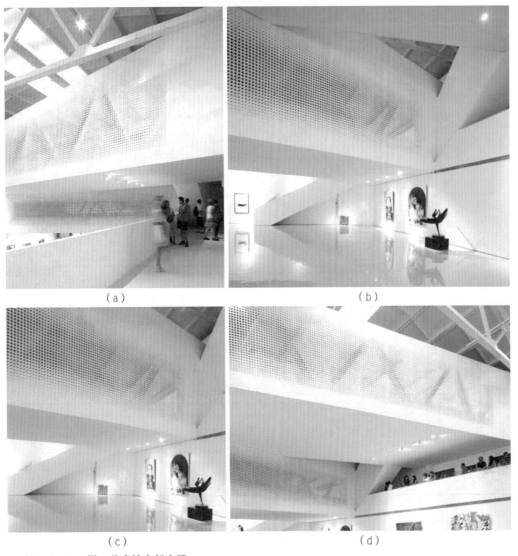

（a） （b）

（c） （d）

○ 图2-1-31 悦·美术馆内部空间

在保留了场地和视野的最大化的同时，产生了更具戏剧效果的丰富性，观众可以穿行于商业体之间，到达不同空间水平层面，商业空间被完整地融入展览空间体之中，人们透过渐透的筒状空间，感受艺术的氛围。

③渐透的筒状空间。这个全新的内衬整体被设计成纯白色，更好地体现了建筑空间本身的特质，但这并不能满足全部的需求，在商业与艺术展览被明确地界定的同时，也隔绝了两种不同属性空间的对话与交流，在白色的基础上，把商业空间的外壁设计成渐变的孔洞，这种渐变的孔洞使得商业体的筒状空间实体逐渐透明起来，使得商业空间与艺术空间的交流成为可能，同时，这种渐透的交流也最小地干扰了艺术展览的纯粹性，原有的由白色墙壁围合的空间实体有了半透的新的材质感，观者在不同空间隐约的活动影像中相互感受着不同。

2.2

项目名称：北京 751D·PARK 时尚设计广场

项目地址：北京市朝阳区东北部大山子地区

业主单位：北京正东电子动力集团

设计单位：北京主题建筑设计咨询有限公司

改造前用途：北京正东煤气厂（原国营 751 厂）

改造后用途：艺术园区

占地面积：22hm²

建筑面积：8000m²

始建时间：1957 年

改造时间：2008 年

751D·PARK 时尚设计广场（简称 751）位于北京市朝阳区酒仙桥路 4 号，北起酒仙桥北路，南至万红路，东侧毗邻电子城科技园区，西侧与 798 艺术区相连，占地面积 22hm²（图 2-2-1）。751 以服装设计、服装服饰展示交易和时尚传媒为主题，以服装产业链中的展示、发布、交易环节为核心进行重点培育，同时集园区内的产业配套、基本生活服务业为一体，以创意产业集聚地和时尚互动体验区为定位，以时尚设计为动力，以设计产业的国际交流为平台，打造设计产业交易基地。751 入口标识如图 2-2-2。

2.2.1 场所解读

751 厂与 798 厂一样，同属于 718 联合厂，是其五分厂。从 20 世纪 50 年代建厂开始，751 厂就为电子城

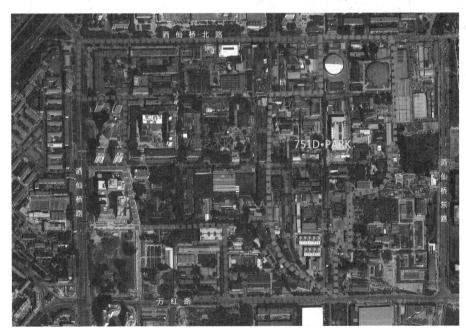

○ 图 2-2-1　798 与 751 位置关系图

○ 图 2-2-2　751 入口标识

地区企业提供热电服务，也为一些工业企业提供能源服务，除此之外还为北京市和周边企业提供煤气的生产服务。751 厂从 20 世纪 50 年代到 1997 年，与首钢、焦化厂一起是北京市的三大气源厂，为北京市提供生活煤气。90 年代之后，797 厂、718 厂、798 厂、706 厂、707 厂合并为七星集团，后来发展成为 798 艺术区（图 2-2-3）。

718 联合厂改制之后，751 厂独立经营，改名为北京正东电子动力集团有限公司，主要业务为综合能源生产和服务，主要为电子城地区供应水、电、热等能源。1997 年之后，北京市陆续进行煤气能源产业结构调整，用天然气代替人工煤气，751 厂成为

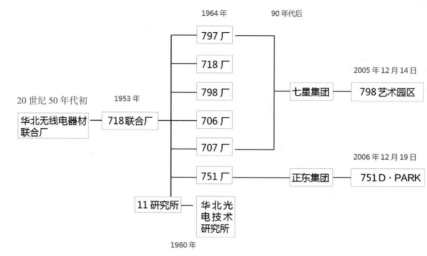

○ 图 2-2-3　798 与 751 时间空间关系图

（a）改造前鸟瞰照片　　　（b）工厂停产后留下了大量的设备
○ 图 2-2-4　2006 年以前的 751 厂

第二个停业转型的煤气生产工厂。2003 年停产以后，厂房和机械设备得到了完整妥善的保存，各类大型的生产设备、厂房、专用线等形成了独特的工业文化景观，蕴涵着浓厚的工业文化气息。

2.2.2　场所改造

2003 年 751 厂停产后，经过了 2004 年、2005 年两年的停滞期（图 2-2-4）。此时的 798 由于大批艺术家的进驻，已经成为北京新兴的活力地区，引起了社会广泛关注，成为国内外知名的艺术区，其工业建筑遗产被北京市政府列为"优秀近现代建筑"，798 艺术区被北京市政府列为首批文化创意产业园。在北京大力发展创意产业的大环境下，正东集团利用腾退下来的工业设施、环境资源以及公司自身发展文化创意产业的资源优势，结合首都城市功能定位，借助北京举办奥运会的契机，进行创意产业的开发与再造，大力发展文化创意产业。

（1）改造过程。2006 年 12 月 19 日，中关村科技园

区管理委员会在中关村电子城为正东创意产业园授牌，并正式命名为中关村电子城创意产业基地——正东创意产业园。2007年中国国际时装周在园区举办，751的首批设计师工作室入驻。2008年北京时尚设计广场被认定为市级文化创意产业集聚区。2012年8月28日，北京市委书记郭金龙参观751，进行文化创意产业调研，充分肯定了751有特色的文化创意产业。751发展时间轴见图2-2-5。

（2）改造机制。政府在751形成的过程中起到的作

用主要是制定相关政策、为发展指出明确的方向，在项目资金上给予一定的拨款和支持，同时帮助园区连接相关社会资源，搭建平台。正东集团作为751的管理主体，对园区发展有直接的管理权限，是园区的创立者、经营者、策划者。正东集团作为具体实施方，参考各方专家和园区各参与主体的意见，对园区的空间建设进行整体规划、分步实施、整合资源、协调发展（图2-2-6）。

（3）空间生成。从751的空间发展过程可以明显看出，751的产业转型没有受到其他因素的影响，其空间土地

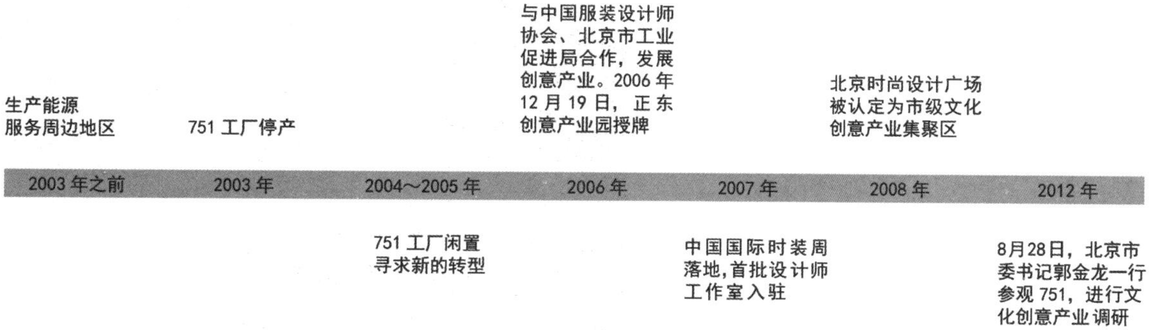

与中国服装设计师协会、北京市工业促进局合作，发展创意产业。2006年12月19日，正东创意产业园授牌

北京时尚设计广场被认定为市级文化创意产业集聚区

生产能源服务周边地区	751工厂停产				
2003年之前	2003年	2004～2005年	2006年	2007年	2008年	2012年

751工厂闲置寻求新的转型

中国国际时装周落地，首批设计师工作室入驻

8月28日，北京市委书记郭金龙一行参观751，进行文化创意产业调研

○ 图2-2-5　751发展时间轴（2003～2012年）

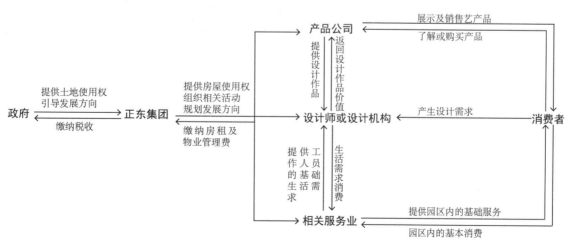

○ 图2-2-6　751各参与主体关系图

的更新是在正东集团的整体规划下逐步实施的，更新的力度明显比798艺术区要大。这种空间更新的机制，具有改造周期短、力度大、速度快、整体性强等优势，各个区域规划成不同的功能分区，空间的发展具有强烈的指向性和明确性。同时，也具有较强的破坏性，751发生的变化具有不可逆的特点。如果在园区规划不成熟的阶段进行大规模的拆除，在一定程度上会破坏原有厂区的完整性。

2.2.3 总体规划

（1）现有资源。751主要以大型工业设施为主、厂房为辅，工业厂房外立面主要由清水红砖构成，整体建筑质量较好，有改造利用的条件。整体空间肌理明确，工业化氛围浓厚。设备以热电设备和煤气设备为主，其中主要的热电设备始建于20世纪50年代中期，管道在园区内纵横交错。生产热能的锅炉房和大型设备、运送原材料的铁路专用线、输煤带、各类型吊机等都展现了751工厂生产时代的工业环境（图2-2-7）。

（2）发展定位。751发展定位是运用高科技手段，并且融入节能、环保、循环利用的理念，将园区打造成工业、科技和文化的基地，成为展示工业历史、工业文明、工业文化的平台，同时又是展示工业科技、工业时尚、工业设计的舞台。除此之外，还能为各种当代艺术展演提供公共交流空间，带动并完善设计师工作室、酒吧、画廊、餐饮、酒店等各种新的使用功能。重新定位后的

（a）老炉区鸟瞰图

（b）充满工业美学的室外生产设备

○ 图 2-2-7 老厂区遗留下大量的生产设备

751由火车头温馨体验区、北京时尚设计广场A座、动力广场、老炉区广场、1号罐（79罐）、7000m²储气罐、设计师大楼等几个主要区域组成（图2-2-8）。

（3）改造原则

① 通过遗产价值、建筑现状、使用价值等方面的探讨，确定需要保留的建筑、更新的建筑、拆除的建筑（图2-2-9）；②

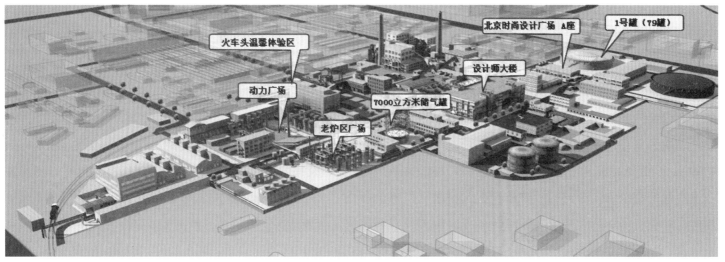

○ 图 2-2-8 总体鸟瞰图

各种建筑功能空间之间应形成良好关系，既保持独立，降低干扰，又相互融合，避免生硬隔绝；③ 既要关注旧建筑已有的空间形态与造型手法，同时又不为其所束缚，在固有的建筑形态中寻求良好的逻辑性和层次感，并着重凸显旧有建筑的优秀品质；④ 避免出现不能表达历史信息的立面和空间改造，对于保留建筑的改造应体现时代特征，尽量使用易于识别的材料，同时保持色调、肌理、比例的协调性，避免过于复杂的改造形式，改造应在材料、技术上注重生态、节能和环保。

（4）改造策略。对建筑以特征保留为主，即不要求保留建筑的完整性，可进行局部加建、拆建，建筑功能可置换。拆除局部小型建筑物，厂房、办公等室内空间作为设计师的设计空间。

对保留区内的特色工业设施，基本全部保留，可以原地保留也可以进行移位保留，对设施的重新利用以整治后作为艺术展示的一部分为主，或结合具体方案具体考虑。

（5）分期实施。751采取整体规划、分步实施的原则，整个园区分三期，利用 8 ～ 10 年的时间，完成整个区域的规划、保护和改造工作。一期为创意产业培育期，占地面积 55998m²。做好初期建设及基础配套工作，

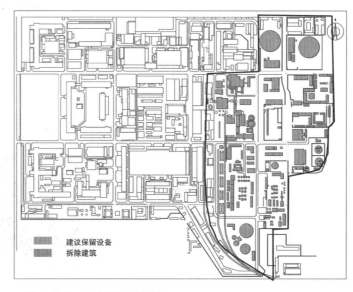

建议保留设备
拆除建筑

○ 图 2-2-9 工业遗产评价图

使园区快速形成以时尚设计为主题的创意产业集聚区。二期为创意产业成长期，占地面积71108m²。形成创意产业聚集效应，产业内容包括时尚设计、办公、产权交易、艺术家酒店、演艺娱乐等。三期为创意产业成熟期，占地面积49399m²。主要是完善产业链结构，增强主产业的竞争力，形成国际时尚产业规模，最终将园区建设成为国际时尚领先基地、国际服装服饰展示交易中心、国际时装的"晴雨表"。

现阶段，在对老厂房、室外炉区广场、动力广场、火车头广场、15万罐区场所等的改造完成后，已从物理格局上形成了动、静区域的划分。动态区域包括室外炉区广场、动力广场、火车头广场等，用于展演、展示、会展、品牌发布等；主要用作设计师工作室的老厂房则属于静态区域，如加压机房、职工食堂和机加工车间等。未来将在突显服装服饰、时尚类设计区域静、雅的同时，利用园区特有的优势，表现演艺、娱乐区域动、炫的特征，使两者相互依存、相得益彰。

2.2.4 公共空间与设备再利用

（1）火车头广场。火车头广场占地面积1448m²，位于原751工厂运输原料的铁路线的南端，铁路线作为一道天然的分割线将751和798艺术区分开，火车头广场被设计为751南入口的重要节点。2008年购置了20世纪70年代生产的老式蒸汽机车，并在广场上新建"751站台"，站台和配套的车厢内设置咖啡厅、酒吧等餐饮设施，保留了广场上的铁轨和双塔（图2-2-10）。

（2）动力广场。动力广场位于751西南侧，2007年1月筹建动力广场，保留了间冷器、裂解炉和烟囱等设备，拆除6#、7#、8#炉，形成占地面积3000m²的广场。在广场北侧，是40吨的桥式吊机，吊机下面是10座煤气脱硫塔，南侧是煤气裂解炉，西侧是6座高耸的煤气间冷器和组合冷却塔。改造后的广场地面采用防腐木铺设，新增水池、草地等景观，是园区开展文化交流的平台和进行展览、展示、演艺等大型文化创意活

（a）老式蒸汽机车

（b）新建站台

（c）保留的双塔和塔吊

（d）塔顶的园区标识

○ **图2-2-10　火车头广场**

动的重要场所（图2-2-11）。

（3）老炉区广场。老炉区建于20世纪70年代，共4套煤气裂解炉，日产煤气40万立方米，2003年停产。老炉区广场位于动力广场东侧，广场分为炉区北广场和炉区南广场。北广场上保留了大量的裂解炉和两幢建筑，裂解炉被清理干净，在地面层用铁栅栏进行维护并阻挡游人进入。游人可以登上设备西侧的旧办公楼，从不同高度近距离参观原有设备。北广场可供游人使用的面积1200m²，但平时游客极少，多为摄影爱好者和婚纱拍摄使用。西侧原有的两个废弃小型储气罐被改造为厂区内的公共卫生间。

南广场保留了原有的四个圆筒形构筑物，改造为"751老工厂时尚运动车场"，可使用面积4500m²。老炉区地面装饰材料选择褐色的铁矿石，这些石头的粒径从30mm到300mm不等，从罐体向广场从大到小排列，与罐体的色调、肌理和形态等方面形成呼应（图2-2-12）。

（4）1号罐（79罐）。1号罐始建于1979年，是北京煤气生产历史上第一座低压湿式螺旋式大型煤气储罐，1983年投产使用，1997年退出运行。罐体直径67m，内部面积3500m²，罐体共分5节，升起后最高端可达68m，罐体容量可达15万立方米。钢铁内壁经特殊处理后，依然保留着铁锈的颜色。淡蓝色生锈的外表和圆筒状的入口极具特色，改造

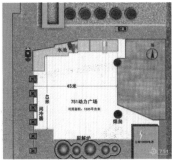
（a）老式蒸汽机车

（c）广场北侧的塔吊和脱硫塔

（b）广场由东向西鸟瞰

（d）烟囱与间冷器

○ 图2-2-11　动力广场

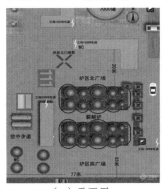
（a）平面图

（b）老炉区裂解炉

（c）北广场

（d）储气罐改造成的卫生间

○ 图2-2-12　老炉区广场

（a）平面图

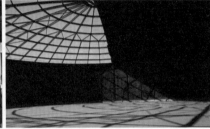

（b）改造后外观

（c）内部空间

○ 图 2-2-13　1 号罐

后的内部空间已经成为各种活动的展示、交流场所（图 2-2-13）。

2.2.5　脱硫罐改造与时尚回廊

时尚回廊（图 2-2-14 ～ 图 2-2-16）位于动力广场北端，改造前是 751 对工业废气进行脱硫处理的设备，由 10 个脱硫罐组成，2011 年 6 月改造完成。改造后的时尚回廊在

（a）改造前的脱硫罐

（b）改造后的时尚回廊

（c）时尚回廊西立面

（d）时尚回廊鸟瞰

○ 图 2-2-14　时尚回廊

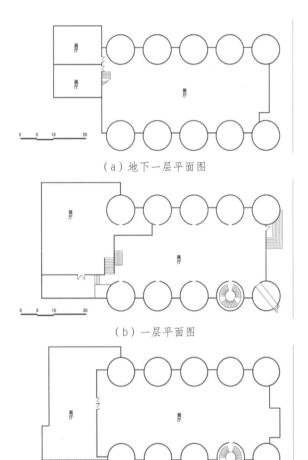

（a）地下一层平面图

（b）一层平面图

（c）二层平面图

○ 图 2-2-15　时尚回廊平面图

原有的 10 个铁红色圆筒状金属构筑物基础上加建围合而成，建筑面积共 3400m²，地下一层、地上两层。室内共 11 个小展厅，一个大活动区，用于展示、发布信息、举办活动等。

一层是新建部分，两边分别为五个脱硫罐。新加部分与原设备罐融为一体，可以用作开放式办公室、会议室、休闲娱乐或举办小型活动的展览展示空间。半地下室在改造前净高为 1.64m，改造后达到 2.44m，空间得到了更好的利用，能够为整个设施提供全方位的配套服务。错层在西半部分，将半地下室与二层之间两层的空间，设计成小四层的错落平台。

旋转楼梯采用钢踏椭圆形楼梯，与脱硫罐形成对应，再加上暖色调，给人一种温暖的感觉。设计师把暖气设计成仿古铸铁护栏，不仅可以取暖还可以保证安全，成为整个二层唯一的装饰物。三层是整栋楼的顶层，乳白色的屋顶与生锈的脱硫罐完美结合在一起。

（a）一层展厅

（b）半地下室

（c）错层空间

（d）旋转楼梯

（e）暖气护栏

（f）脱硫罐顶部的百叶窗

○ 图 2-2-16　时尚回廊内部空间

每个脱硫罐上都有一个圆形的百叶窗与户外相通，不仅可以使空气对流，还很美观，有一种老工业的味道。

三层的最西边是一个延伸的天台，由脱硫塔群延展而出，用红砖搭砌而成，护栏被设计师做了特殊设计——"新栏杆，铁锈色"。新栏杆裸露在室外，自然生锈，再刷上一层透明的清漆，与脱硫塔的云梯相呼应，使整个设施浑然一体。

2.2.6 环境设施的改造

在尊重已有历史现状的同时，对厂区内的罐体、管道、钢架、楼梯、平台和地面等各种元素进行有组织有计划地保留、局部更换、加固、翻新和重新连接，加入水电多媒体等设备以适应各种演艺活动的需要，同时满足人们在炉区内参观的灵活性和安全性。在适当的地方增加进行创意设计所需的新建筑，让新建筑与老厂房、老设备平行发展，使厂区在总体上保持"生产"状态。

在整体改造中，以工业语言的纯粹性和材料自身性格的回归为艺术线索。去掉了一些月亮门、围墙，把建筑与动力管廊进行混合，一方面强调建筑在工业环境里的状态，另一方面，也尽可能地消解建筑独立性，使老炉区和动力管廊更加成为环境的主体，同时效果成倍增大。

2012 年修建的空中步道贯穿园区，南北长度约为800m，宽度为4～8m不等；步道支线宽度为2～4m不等，空中步道总长度约1800m，高度比园区现状管廊高0.5～1m；在空中步道沿线，每隔50m新建一个与管廊流动性相联系的附属性构筑物，作为休息室、信息中心、咖啡吧、手工艺室等（图2-2-17）。

（a）空中步道串联起整个园区　　　　（b）步道宽度根据功能而不同

（c）步道上部　　　　　　　　　　（d）步道下部

○ 图2-2-17　2012年新建的空中步道

2.3

项目名称：上海半岛1919创意园

项目地址：上海宝山区淞兴西路258号

业主单位：上海纺织控股（集团）公司

设计单位：水石国际

改造前用途：上海第八棉纺织厂

改造后用途：文化体验及创意办公

占地面积：13.56hm²

建筑面积：14.4万平方米

始建时间：1919年

改造时间：2007年

半岛1919创意园位于上海市宝山区淞兴西路258号，东临吴淞大桥，南临淞浦路和蕴藻浜、西临泗东路和泗塘河,靠近素有浦江"第一眼"风景之称的吴淞口（图2-3-1、图2-3-2）。改造后的半岛1919创意园由30多幢现代建筑与历史保护建筑组成，是集多种业态为一体的综合性创意园区。

半岛1919项目在纺织产业文化的积淀中注入创意文化的新元素，历经沧桑的古旧厂房在几年间脱胎换骨般变身为时尚、创意之地。这一宝山首个文化创意产业集聚区，突出"艺术与设计"的主题，融合周边历史人文资源，共同形成靓丽的滨江景观带，成为宝山的新地标。

2.3.1 场所解读

半岛1919创意园所在地原为上海第八棉纺织厂厂址，其前身为大中华纱厂和华丰纱厂。大中华纱厂筹建

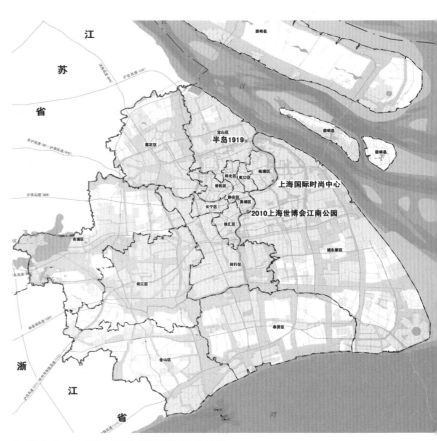

○ 图2-3-1 半岛1919创意园区域位置图

○ 图2-3-2 半岛1919创意园现状卫星图片

47

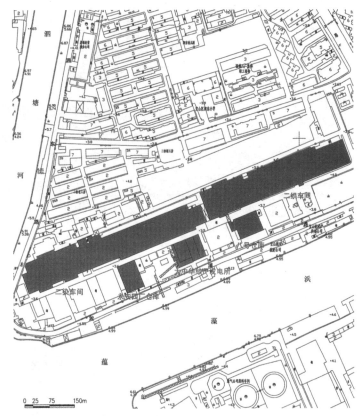

◎ 图 2-3-3　改造前总平面图

于 1919 年，1924 年出售给永安纺织公司经营，1925 年改名为永安第二纱厂。1929 年永安纺织公司在永安二厂西部空地兴建厂房，筹建永安四厂，合称永安二、四厂。1942 年 8 月永安二、四厂与日商裕丰纱厂合并，组成永丰纱厂。抗战胜利后永安二、四厂回归永安公司，二厂厂房改为仓库。

华丰纱厂位于大中华纱厂东部，1921 年 6 月建成。1923 年抵押于日本东亚公司，1924 年改为日华纺织株式会社第八厂，1931 年改称华丰工场，1943 年改称吴淞工场，抗战胜利后由政府接收，改称中纺八厂。新中国成

立后改称国棉八厂，1958 年永安二厂和国棉八厂合并为上海第八棉纺织厂（简称上棉八厂）。

在保护性改造前，厂区内保留了大量的工业遗迹，不仅包括常规性的工业建筑，还包括其他有特色的工业遗存形态，形成工业遗产集群，包括工业生产建筑、服务配套建筑、工人居住里弄、老工业码头四大类别，工业遗产集群的类型较多，品质较高，且大部分建筑被列为上海历史保护建筑（图 2-3-3、图 2-3-4）。

现在整个厂区保存基本完整，至今还有着老厂房粗糙的混凝土墙面、高大的建筑空间、粗壮的支撑结构、折线形的建筑屋顶、生产使用的传送轨道和纺织机器，保留着不同历史时期建造的各式建筑。从 20 世纪 50 ～ 60 年代的辉煌，到 80 ～ 90 年代的逐渐衰败，再到 2007 年的厂房改造落下"第一锤"，伴随着上海纺织业的发展，共同经历了"从壮士断臂到凤凰涅槃"的历程，见证了上海纺织业发展的兴衰。

2.3.2　场所改造

半岛 1919 创意园在对上棉八厂的旧厂址空间进行场所改造时，以功能转型为导向，以公共环境优化为目标，以建筑风貌优化为重点，以基础设施优化为难点，以文化要素布局优化为亮点，满足地区新功能，延续城市文脉，形成城市特色，实现城市可持续发展。

（1）发展定位。作为吴淞地区工业遗产遗存的核心板块，半岛 1919 创意园在发展定位方面，应紧紧依托其工业遗存、建筑空间、风貌特色的资源，并借力国际航运母港的发展潜力，与上海其他创业产业园区错位发展，打造融合历史风貌、文化创意、滨水休闲功能于一体的

创新型"新媒体时尚艺术中心"。

（2）功能置换。从传统的棉纺、钢铁产业到富于现代艺术气息的创意产业，半岛1919项目首先完成了产业更新与功能置换。在对原有厂房修缮改造后，上海国家设计中心、红坊艺术中心、艺术库等项目入驻，重塑了园区形象，并通过对工业遗产价值的深入挖掘加深了人们对历史工业区的记忆。基于艺术与设计的跨界与融合，项目打造了集设计展览、文化艺术交流、商务办公、创意休闲服务于一体的综合性服务平台。园区逐步引进了具有影响力的国内外文化艺术机构及设计工作室，并推广多项具有艺术性与创造性的活动，如中日文化交流动漫展、上海电子艺术节等。

（3）规划设计。项目入口设置在沿淞兴西路

（a）空置的车间和设备　　（b）荒芜的院落　　（c）建筑极具工业美感

（d）改造前建筑照片

○ 图2-3-4　改造前工业建筑遗产

一侧，维持原有的交通脉络不变，整个项目中心形成一条景观轴，建筑之间布置广场和文化带，停车场主要布置在基地的东南角，人车流线混合进入基地。在路的两侧经营商业，办公放置在西南角。现存的建筑物极具有历史感，保留着很浓厚的工业韵味。因而，

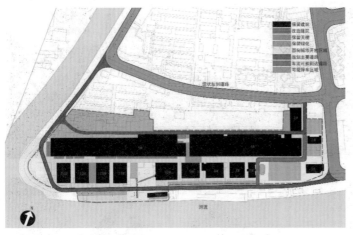

○ 图 2-3-5　规划总平面图

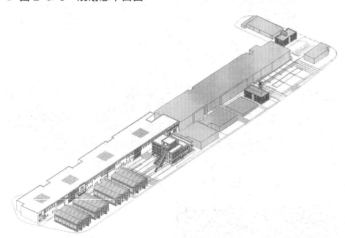

○ 图 2-3-6　总体轴测图

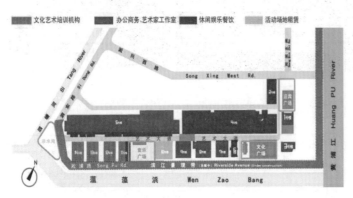

○ 图 2-3-7　功能布局图

整个项目采用"保护为主，改造为辅"的原则，尽可能地对原有的历史面貌进行修复，对现有建筑进行功能置换和适应性的改造，使其重新恢复生机。

建筑内部在不影响结构的前提下根据商业和办公需求进行改造。在景观上对原有的植物进行了一定的保留，在一些开放区域，利用软质草地形成良好的户外场地，并大量使用可移动的乔木对整个园区进行妆点，另外，注重了与城市开放空间和滨水景观的联系。项目以"艺术与设计"为主题，打造集设计展览、商务咨询、文化艺术交流、创意休闲服务于一体的综合性服务空间的规划策略，项目中的商业多以休闲娱乐为主，配合主体来进行（图 2-3-5、图 2-3-6）。

（4）业态布局。半岛 1919 创意园采用 BOT 模式，旧有厂房改作办公及商业使用，赚取级差地租；旧库房通过改造及装修，品质大幅提升，同时带动了园区整体环境的改善，创造了附加收益；为参与性的公共及社会活动提供了增值服务。项目利用工业建筑独有的建筑形态，基于产业文化背景与现代艺术资源，形成了以上海国家设计中心为主导的复合型创意文化业态组合。园区划分为四大功能区域：30% 的艺术设计展览展示区（上海艺术与设计中心）、30% 的文化艺术交流区（艺术库）、30% 的创意休闲服务区（集庄乡）和 10% 的配套商业区（休闲娱乐和特色餐饮），涉及从设计培训、设计生产到设计咨询等系列服务，形成了以设计为主的产业及独具特色的业态（图 2-3-7）。

（5）环境营造。整座厂房从东向西分成三个区，并以南侧的步行道作为主要的交通出入口。每个区都以现有的塔楼作为入口标志，并各自加入新的设计元素形成特色鲜明的入口形象。保留原有的建筑特色，使工业建筑的钢筋铁骨与粗犷雄健的性格得以延续，洗净时代铅华的朴素向我们诉说着历史情结；红砖、水泥预制板、混凝土墙面等材质的保留，凸显了建筑的历史感。设计者尊重旧有的产业空间，谨慎地对待历经沧桑的工业建筑，按照"修旧如旧"的原则，对老厂房和园区环境进行保护性的修建与改建（图2-3-8～图2-3-10）。

（6）存在的问题。半岛1919创意园自2007年4月开园以来，经过多年的营运，目前以创意文化产业为主，已经入驻100多家文化创意机构，但还存在一系列问题：① 入住商户的级别不高，定位不明确；② 特色不突出，整体形象还有待提升；③ 产业结构上餐饮、休闲占据了很大的部分，与创意园区的总体定位有所出入；④ 与周边的社区、城区发展建设不同步，资源、设施不能共享。

在上海"退二进三"的城市经济发展战略引导下，城市原有的制造业用地及其工业建筑亟待重新定位和再利用。随着宝山区迎接发展新契机、实现产业升级转

（a）斑驳的墙体和简洁绿化　　　（b）环境设施简洁粗犷

（c）广场上保留下的树木

○ 图2-3-9　广场景观

○ 图2-3-8　保护性改造完成之后的1号楼仍然保留着历史的沧桑感

○ 图2-3-10　沿河总体景观

型战略的推进和蕰藻浜沿岸环境整治等一系列重大项目的开展，半岛1919也面临新的发展机遇。

2.3.3 单体建筑改造

（1）4号楼（二织车间）。始建于1921年，建筑两层，高9.3m，占地面积8172m²，建筑面积16344m²。建筑平面呈矩形，北侧为辅助功能房，钢筋混凝土结构，方形柱网，规整排列。二层出天桥与八号仓库相连。建筑立面为两柱间开横向矩形窗，外墙面为黄色水泥砂浆表面。平屋顶，女儿墙。预制混凝土屋面板，卷材屋面。南立面中央有新古典主义形式装饰。建筑内部白色抹灰粉刷。二层上开高侧平天窗，天窗用夹丝玻璃。

（2）5号楼（二染车间）。始建于1919年，建筑两层，高12.2m，占地面积12045m²，建筑面积24090m²。建筑平面呈矩形，北侧为辅助功能房，钢筋混凝土结构，方形柱网，规整排列。建筑立面为两柱间开横向矩形窗，外墙面为黄色水泥砂浆表面。平屋顶，女儿墙。

5号楼修缮后作为办公空间出租使用，因此设计整体保留建筑现有的大空间，尽量少做进一步室内划分，以供未来灵活使用。入口大厅中间为天井，形成局部的两层贯通空间，由此通往两侧的办公空间；洗手间及其他公共空间在大厅北侧集约布置。

改造前、后4号楼、5号楼照片如图2-3-11～图2-3-13所示。

（3）8号楼（八号仓库）。始建于1921年，建筑两层，高10.5m，占地面积560.7m²，建筑面积1121.4m²。建筑平面呈矩形，结构为钢筋混凝土结构，维护结构为砖墙，方形柱网，规整排列。西北角二层有连廊与4号楼相连。建筑立面形式简洁，开横长方形钢窗。建筑内部刷白色涂料，木门外包铁皮。平屋顶，女儿墙，屋顶立有水箱，构架雄伟。

○ 图2-3-11 改造前4号楼、5号楼照片

○ 图2-3-12 改造后4号楼照片

（4）11号楼（永安四厂仓库）。始建于1932年，建筑一层，高9.8m，建筑面积1186.5m²。建筑平面呈矩形，内部十字形隔墙将建筑分为四部分，每部分朝外两面开门，木门外包铁皮。建筑立面为砖柱间填充清水砖墙，开横向方窗，窗上有混凝土遮阳棚。建筑内部有白色抹灰，钢制屋架，每跨为双坡顶，总体呈锯齿形，木桁条上承木屋面板，上铺红色机制瓦屋面。

改造前、后8号楼、11号楼照片如图2-3-14、图2-3-15所示。

（5）10号楼（大中华纱厂发电所）。始建于1921年，建筑两层，高21m，占地面积1466m²，建筑面积2932m²，建筑平面东西方向呈两个矩形相接。西侧矩形一层较黑暗封闭，二层高敞，设有煤栈道与码头相连，应与其发电工艺有关，现栈道一侧建有大台阶。建筑立面为混凝土柱间填充青砖墙，局部有黄色水泥砂浆抹面，建筑内部白色抹灰。开横向方形钢窗，二层矩形窗上又开半圆券窗，屋檐下有仿木斗拱装饰构件。西侧煤栈道上方有结构巨大的煤斗，东侧部分上开天窗。

10号楼整体保留现有空间结构，保持内部各层标高，依照现有层高进行功能布局。根据建筑现有条件，设计对西侧建筑的主入口位置进行调整，将其设置在临广场的二层标高4.5m处，通过在广场一侧新建一个室外大楼梯进出。主入口处原有外墙拆掉，露出室内的漏斗形作为入口标志。楼梯除了通行功能之外，还通过设置不同高度的平台满足观演和展示功能使用。10号楼外观和音乐广场见图2-3-16、图2-3-17，平面图、立面图、剖面图见图2-3-18、图2-3-19，10号楼内部空间见图2-3-20。

○ 图2-3-13 改造后5号楼照片

○ 图2-3-14 改造前8号楼、11号楼照片

○ 图2-3-15 改造后11号楼照片

○ 图 2-3-16　10号楼外观

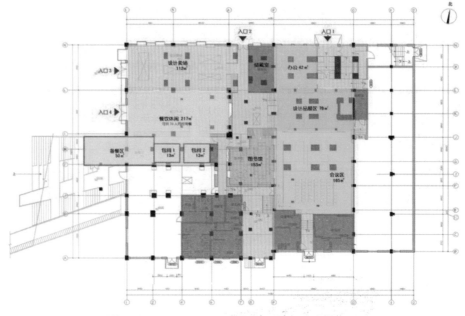

○ 图 2-3-18　10号楼平面图

○ 图 2-3-17　10号楼和音乐广场

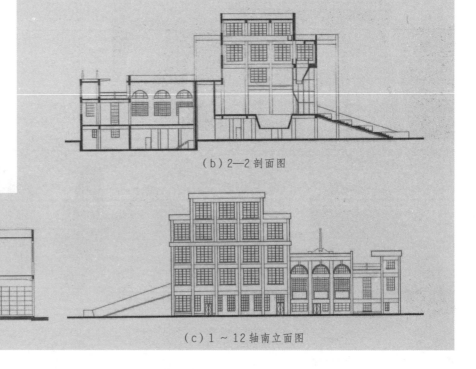

（b）2—2 剖面图

（a）32～34 轴中庭剖面图　　　　　（c）1～12 轴南立面图

○ 图 2-3-19　10号楼立面、剖面图

10 号楼新加建的混凝土台阶与老建筑融合一体，醒目的巨型混凝土漏斗唤起人们对这座曾被誉为"远东第一发电厂"的辉煌历史的追忆。

（6）红坊艺术设计中心。红坊艺术设计中心位于 10 号楼内，作为面向园区的复合功能服务平台，艺术中心拥有展览、会议、阅览、销售等功能组合，以满足园区内的不同需求。改造根据原结构使用功能，区分出建筑结构与设备基础，剥去设备基础外的粉刷图层，呈现出水泥基础，最大限度地还原其本身面貌。设计师对历史的尊重，对空间的理解，谦和、自然的创作态度，以及简洁、精炼的手法，让老建筑得以延续历史，并焕发出活力（图 2-3-21）。

（a）地下一层空间

（b）二层门廊

（c）二层入口门厅

（d）巨大的室内空间和梁柱结构

○ 图 2-3-20　10 号楼内部空间

○ 图 2-3-21　红坊艺术设计中心室内空间

2.4

项目名称：上海国际时尚中心

项目地址：上海杨浦区杨树浦路 2866 号

业主单位：上海十七棉投资发展有限公司

设计单位：夏邦杰建筑设计咨询（上海）有限公司

上海现代建筑设计（集团）有限公司

现代都市建筑设计院

改造前用途：上海第十七棉纺织厂

改造后用途：以购物、旅游、文化、创意、休闲、

办公为特色的时尚园区

占地面积：12.08hm²

建筑面积：16 万平方米

始建时间：1912 年

改造时间：2009 ~ 2011 年

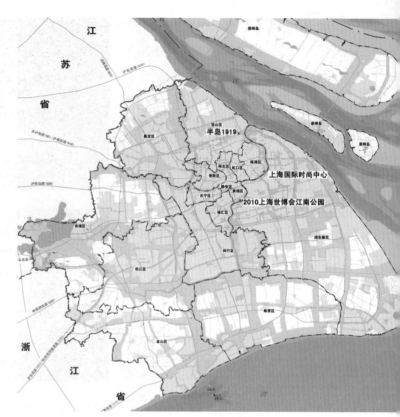

○ 图 2-4-1　上海国际时尚中心在上海市的位置

坐落于黄浦江畔杨树浦路 2866 号的上海国际时尚中心前身为上海第十七棉纺织厂，是百年老工业华丽转身的典范，目前已经成为亚洲最大的集时尚发布与展示为一体的时尚体验平台，已经承接了上海时装周闭幕式、华谊之夜等多项高端时尚活动，是上海市文化创意产业发展"十二五"规划重点建设项目。园区内拥有亚洲最大秀场、黄浦江游艇码头和大型时尚购物精品仓等设施，现隶属于上海纺织时尚公司（图 2-4-1、图 2-4-2）。

上海国际时尚中心包括六大功能：时尚精品仓、多功能秀场、时尚创意办公、时尚餐饮娱乐、时尚会所、

○ 图 2-4-2　上海国际时尚中心区域卫星图片

时尚公寓办公。其中，1500m² 的多功能秀场可容纳 800 名观众观看时装秀，后台可供 300 名模特、工作人员化妆候场，规模居亚洲之最；靠黄浦江一侧的卸货码头被改建成游船码头，观众可从外滩或陆家嘴乘船直抵上海国际时尚中心。上海国际时尚中心现状见图 2-4-3。

2.4.1 场所解读

（1）发展历史。上海国际时尚中心原为日资裕丰纺织株式会社纱厂（简称裕丰纱厂），始建于 1912 年，至 1935 年拥有 6 个工场，纺锭 19 万枚。1949 年改名为国营上海第十七棉纺织厂，20 世纪 80 年代末工厂规模达到顶峰，曾有职工万余人，1992 年改制为龙头股份有限公司。在上海纺织转型发展的大背景下，2007 年前后厂区停产，迁入江苏大丰上海纺织产业园区。原厂区 2009 年 4 月 28 日开始改造，历时 3 年，最终成功变身为上海国际时尚中心。其保留建筑照片见图 2-4-4。

（2）场所特点。原厂区被杨树浦路分为南北两个部分，南厂区占地 89333m²，北厂区占地 31467m²。基地内建筑密度较大，有各个时期建造的建筑上百栋。整个厂区具有以下特点：① 规模巨大，改造建筑面积达 14.3 万平方米；② 历史价值突出，大部分厂房被列为上海市优秀历史建筑，面积达 8 万平方米，这些厂房主要在南厂区；③ 建筑特征鲜明，南厂区为大片的锯齿形屋顶单层厂房。这些建筑不仅见证了第十七棉纺织厂的发展与变迁，也记录了一些特定时期的重大历史事件。

○ 图 2-4-3 上海国际时尚中心现状

（a）多层厂房　　　　　（b）锅炉房及水塔

（c）锯齿形单层厂房

○ 图 2-4-4 保留建筑照片

1999 年 9 月被上海市人民政府评为优秀历史建筑，属于上海市级三类、四类历史保护建筑，具有重要的历史和文化价值。

（3）建筑特点。基地历史保护建筑有 7 栋，为 1912 ~ 1935 年兴建的锯齿形车间、办公楼和附属配套设施用房。厂房为红瓦屋顶，外立面填充红砖，内部有木屋架和钢屋架两种，采用连续的北向采光窗带。这类厂房是基地中主要的建筑类型，具有浓郁的工业建筑特色。办公楼、水塔等单体建筑的装饰比较细腻讲究，体现出 20 世纪 30 年代中西合璧的建筑风格。表 2-4-1 为园区现存建筑一览表，其中各建筑物具体位置见图 2-4-5。

（4）结构特点。裕丰纱厂建造时间前后跨越 15 年，结构形式不断演变。第一工场（机动工场）和办公楼等早期厂房为砖木结构，木柱木桁架；第二、三、四工场均采用钢架钢柱。

○ 图 2-4-5　园区现存建筑编号图

表 2-4-1　园区现存建筑一览表

类别	编号	保护建筑	结构	层数	现状
历史保护建筑	1 号	办公楼	砖混	2	较完整、新建雨棚、室内重新装修
	2 号	锅炉房及水塔	砖混	1/3	局部改动
	3 号	第一工场（一纺车间）	砖木	1	局部改建
	4 号	第二工场（二纺车间）	钢结构	1	局部改建
	5 号	第三工场（三纺车间）	钢结构	1	立面用绿色涂料重新粉饰，原貌被掩饰
	6 号	第四工场（四纺车间）	钢结构	1	局部改建
	7 号	北厂厂房	钢结构	2	立面重新装修，内部也有改动
保留建筑	8 号	—	框架	3	修缮之后用作餐饮
	9 号	—	排架 - 剪力墙	1	改建后用作餐饮
	10 号	—	框架	4	修缮后用作餐饮及商业
	11 号	—	内框架 - 砌体	2	修缮后用作餐饮及商业

北厂厂房底层为钢筋混凝土框架结构，上层为钢柱钢架结构，屋顶的结构较特殊，屋面铺钢筋混凝土预制板，上面开许多采光的小天窗，天窗装磨砂玻璃；车间的采光、通风、温湿度由人工控制，是旧中国少数几个空调车间之一。

2.4.2 场所改造

（1）功能定位。与国际时尚业界互动对接的地标性载体和营运承载基地，以国际时尚潮流为先导，以历史保护建筑文化为底蕴，以时尚生活多元化品位为核心构想，将时尚体验、时尚文化、时尚创意、时尚休闲、时尚炫动和时尚生活等多种时尚元素融为一体的示范性的国际时尚中心。

（2）园区布局。根据整个园区的空间特点，对六大功能区进行合理布局。时尚精品仓占地最大，位于园区中部区域；多功能秀场位于靠近杨树浦路入口的重要位置，体现园区鲜明的定位和特色；时尚创意办公在靠近杨树浦路的一侧，交通便捷；时尚餐饮娱乐主要位于滨江沿线的多层厂房区域，充分享受一线观景优势，将滨江风景作为特色餐饮的主题；时尚会所也位于园区入口处，是重要的接待场所；时尚公寓办公主要位于北厂区，将分期开发。图2-4-6是滨江鸟瞰图，图2-4-7是规划总平面图。

○ **图2-4-6 滨江鸟瞰图**

○ **图2-4-7 规划总平面图**

（3）改造原则。在尊重外立面特征的前提下，遵循尽量保留、减少拆除的原则，让原有建筑重新焕发光彩。大量的厂区建筑的被保留，是对历史的一种尊重，对文化的保护。为了保证建筑的功能和设计要求，部分保护建筑被拆除后重建。新建建筑的风格与保留下来的建筑相得益彰，无论从空间、体量、色彩上都保持了老建筑的一些重要元素，延伸了保护建筑的遗风与韵味。

（4）改造策略。通过筛选，保留了11栋建筑，其中7栋为上海市历史保护建筑，4栋为有历史价值或结构比较完好的一般建筑，其中，8号楼、9号楼为仓库，10号楼、11号楼为厂房。保留下来的建筑根据项目的总体定位及原有建筑的地理位置、空间特色，分别定位为会所、办公区、精品仓、秀场、餐饮、停车库等。通过拆除一部分加建建筑，形成步行通道和广场，并加建少量景观小品建筑，以在适应新功能的前提下，最大限度地保存近代工业建筑的整体风貌和工业景观，将原来封闭的厂区变成市民休闲活动的滨江城市公共空间。图2-4-8是首层平面图。

（5）总体改造设计。原厂区内的建筑覆盖率极高，充斥着各个年代临时搭建的棚屋。保护建筑有7栋，等级为三类和四类，主要为1912～1935年建造的砖木与钢屋架结构的厂房，在改造设计中，保护建筑全部保留。另有4栋有历史价值或结构比较完好的一般建筑予以保留，将一部分后期搭建建筑拆除，留下的空间用作中心广场、小广场和巷道等，同时加入一些新的建筑。图2-4-9是主入口鸟瞰图。

2.4.3 建筑改造手法

（1）体现原貌。对于大量存在的厂房，以修复和修旧如旧为主要手法，充分体现原貌。对办公楼、水塔等装饰细腻的单体建筑，其修复也尽量体现原貌。根据墙体损坏程度不同，确定是用文物保护修理方式修补，还是采用加贴仿旧面砖或局部重砌等手法。内部空间充分展露原来的屋架结构，木屋架经修补、加固后，按原位安装，并加设屋顶保温。替换原来的木窗和钢窗，新加设的双层玻璃窗在外观上

○ 图2-4-8　首层平面图

符合原立面的比例关系，并在色彩上进行协调。这些体现原貌的处理方式为整体园区奠定一种协调而有个性的基调，单层红色砖墙、红色陶瓦和灰蓝门窗充分体现20世纪30年代工业建筑的特征。

（2）新旧结合。在一些特别重要的公共空间，在整体风格尊重原貌的基础上，采用新旧结合的手法，恰如其分地加入新的元素，使新和旧有机地结合在一起，以新的元素唤醒旧建筑的精华（图2-4-10）。在杨树浦路入口广场处，锯齿形厂房被处理成半室外空间，成为风雨无阻的交流场所，连续的柱廊和玻璃顶，加上木质地面，营造出明亮宽敞、舒适温馨的室外活动场所，同时使锯齿形厂房的结构美得到完整的体现。多功能秀场需要一个9m高、26m宽、68m长的大空间，

建筑采用局部加建的方法，在外观处理上通过后退、沿用锯齿屋顶等手法，使之完全融合在整体建筑群中。

（3）新旧对比。临滨江广场的一栋多层厂房是园区内体量最大的一栋建筑，建筑师运用金属网对建筑的上部进行包裹，形成丰富的褶皱，在形态上将建筑转化成一座城市雕塑。夜晚更似一个抽象而剔透的灯笼，无论从江面还是从中心厂场都可以感受到这个景观节点的震撼。对于其他不高的仓库，建筑师考虑到第五立面的需要，用仿

◎ 图 2-4-9　主入口鸟瞰图

（a）新旧的结合　　　　　（b）钢架的增设　　　　　（c）柱廊和玻璃顶

◎ 图 2-4-10　新旧材料的结合

（a）金属网罩

（b）仿木的水平百叶

○ **图 2-4-11　新旧材料的对比**

（a）主轴线景观

（b）主轴线对景——水景小品

（c）主轴线全景

○ **图 2-4-12　园区主轴线**

（a）入口处半室外空间

（b）入口处办公楼

○ **图 2-4-13　入口广场**

木的水平百叶构件对建筑整体予以包裹，同时打开墙体，形成通透的内部环境（图2-4-11）。

2.4.4　公共空间改造

（1）主轴线。在南厂区，营造出从杨树浦路到黄浦江边的一条主要步行轴线，以铺装为主，景观绿化、水景等贯穿其中。在轴线的尽端，平缓的坡道伴随着层层跌落的水池将人们引导到平台之上。在轴线中央设有一处张拉膜结构，可以用作露天秀台或是演奏的场所，舒展的木质平台还将连接未来的游艇码头。

主轴线贯穿功能和性质各不相同的三个广场，依次是入口广场、中心时尚广场、滨江休闲广场，形成层次丰富的环境布局。每个广场都是一处开敞的多功能交往空间，都至少有一处特色建筑相伴并起到点睛作用。每个广场都与小型的步行巷道或小广场相连，共同构成公共空间网络（图2-4-12）。

（2）入口广场。入口广场一侧是原厂区办公楼改建而成的接待贵宾的会所，另一侧是处理成半室外空间的老厂房，用于展示和休闲，同时也连接秀场的入口，在杨树浦路上共同形成一处特色鲜明的公共活动场所，将人流导向园区中心（图2-4-13）。

（3）中心时尚广场。中心时尚广场是整个园区中最重要的公共活动舞台，一侧是多功能秀场的入口，另一侧是时尚精品仓的入口，中间是一座配有大屏幕的简洁的现代建筑，共同围合出富有节日气氛的露天舞台（图2-4-14）。

（4）滨江休闲广场。滨水休闲广场处在视野开阔的黄浦江边，周边景观一览无余，是整个创意园区的一个亮点。为了既不影响防汛堤的功能又能眺望江水，滨江休闲广场采用抬高的形式，以连续的木质平台体现滨江浪漫休闲的情调（图2-4-15）。

2.4.5　单体建筑改造

（1）3号楼。3号楼为保护建筑，砖木结构的锯齿形厂房，以一层为主，新建部分以三层为主，局部一层。由于靠近整个园区的出入口，新功能定位为秀场，但是其原有的空间布局柱网较密，无法满足秀场的空间需求，因此，在改造设计中采用抽柱的方法，增大空间的跨度，同时将屋架抬高，增加空间的高度以满足使用空间要求。保留部分空间则作为接待大厅、展示厅等，充分展现原有空间的特色。新建部分采用浅灰色

|（a）现代建筑与大屏幕|（b）秀场入口|

|（c）精品仓入口|（d）精品仓柱廊|

◎ 图2-4-14　中心时尚广场

|（a）张拉膜下的休憩空间|（b）滨江木质平台|

◎ 图2-4-15　滨江休闲广场

混凝土和浅灰色金属，方形体量穿插于保护建筑中，使整个建筑层次感更强，新旧界面之间对比更强烈，形成新旧文化之间的直接对话（图2-4-16）。

（2）10号楼。10号楼为保留建筑，为了更好地符合餐饮娱乐的功能要

求，在尽量保持原有建筑面貌的前提下，采用大面积的金属网架对其进行装饰，材料中间穿孔，作为建筑的新表皮，使之在立面效果上更贴近时尚的概念，为老厂房注入了新的现代元素。木色的金属网架本身代表的就是现代建筑的一种元素，切入到保留建筑中，既减少了对原建筑的立面改动，又拉近了新旧建筑之间的距离，实现了新材料与老建筑的完美统一（图2-4-17）。

（a）入口

（b）室内秀场

（c）入口灰空间

（d）锯齿形厂房

○ **图2-4-16 改造后的3号楼**

（a）主立面

（b）背立面

○ **图2-4-17 改造后的10号楼**

2.4.6 其他改造

（1）结构处理。建筑结构的改造方式有改建和修缮两种。改建指既有建筑的改扩建、部分改变原结构，对整体结构影响较大、结构的使用功能及使用荷载等变化较大。修缮指既有建筑的结构体系、主要结构构件布置和使用荷载基本不变，建筑仅做装修或整饬性修理。原厂房结构保存完好，改造时只进行必要的加固措施，如展示区将早期厂房的木柱木桁架进行节点部位的加固。秀场部分维持原锯齿形态的同时置换了原砖木结构体系，屋顶采用大跨钢架结构（图2-4-18）。

（2）维护材料。外维护材料使用砖墙，既作为承重体系又体现工业建筑的美感。改造将部分厂房外墙拆除，按红砖墙原样重新砌筑，尽管历史真实性稍差，但毕竟从建筑形式和整体风貌上接续了近代工业遗产的固有特征。另外，滨江区域在基本保持原有物质形态的同时，增添了钢架格栅、折面穿孔金属板等新形式、新材料，活跃了滨江立面和滨水公共空间的景观元素（图2-4-19）。

（3）内部空间改造。改造后新功能置换为展示、秀场、商业等，基本上保留了原来的内部空间特征，必要时进行水平向的重新分割排布。其中入口处的展示休息区将原先封闭空间打通，形成内与外流动通透的"灰空间"。时装秀场要求空间高大宽敞，改造中将第一工场（机动工场）西侧重新处理，保留外部建筑形式的同时改造内部空间，可容纳50m走秀T台和800人活动坐椅，面积达9500m²（图2-4-20）。

（4）室内设计。室内设计突出工业美，修复后的屋架和砖墙都漆成白色，既显露原有的肌理又清新时尚，空间简约而具有灵活布置的可能性（图2-4-21）。

（5）景观营造。铺地以红砖和石材相间，与厂房富有节奏的立面形成呼应，选用的灯具以简洁的工业特征和沉稳的色彩为主。江边平

（a）钢结构置换原砖木结构　　　（b）室外加建楼梯

○ 图2-4-18　结构处理

（a）折面穿孔金属板　　　（b）钢架格栅

○ 图2-4-19　新材料的植入

（a）商业空间　　　（b）柱廊下的灰空间

（c）秀场　　　（d）顶部自然采光

○ 图2-4-20　内部空间的改造

台采用大面积木材铺地，灯具则偏向于浪漫的流线形而且色彩明快，烘托滨水的气氛。园区围墙的设计以纺织肌理为母题，具有特殊的金属编织效果，成为上海国际时尚中心专有的符号元素（图2-4-22）。

（a）商场内部梁架　　　　　　　　　　　　　　　　（b）商场内部走道

○ 图2-4-21　室内设计

（a）铺地　　　　　　　　　　（b）园区灯具　　　　　　　　　　（c）雕塑与张拉膜

（d）雕塑1　　　　　　（e）雕塑2　　　　　　（f）雕塑3　　　　　　（g）雕塑4

○ 图2-4-22　景观小品

2.5

项目名称：杭州凤凰·创意国际产业园

项目地址：杭州市西湖区转塘街道创意路 1 号

项目业主：杭州之江国家旅游度假区管委会

设计单位：中国美术学院风景建筑设计研究院

改造前用途：双流水泥厂

改造后用途：创意产业

占地面积：22.1hm²

建筑面积：10 万平方米

始建时间：20 世纪 70 年代

改造时间：2008 年

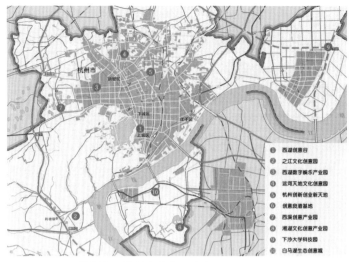

○ 图 2-5-1 杭州市文化创意产业园分布图

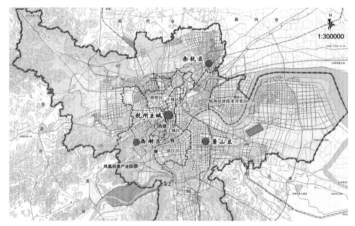

○ 图 2-5-2 凤凰创意产业园在杭州市的位置

杭州凤凰·创意国际产业园（简称凤凰创意园）位于杭州之江国家旅游度假区转塘街道创意路 1 号，是之江文化创意园的启动项目，周边群山环绕，风景秀丽。项目占地面积 22.1hm²，规划总建筑面积约 10 万平方米，已建成建筑面积约 4.5 万平方米，是杭州市政府重点支持发展的十大创意产业园之一（图 2-5-1）。其中核心启动区为原双流水泥厂工业遗存再利用，其改造建设以政府为主导，又有中国美院的参与合作，优势较为突出。由于基地特殊的地理区位和具有独特风格的建构筑物，以及作为创意园区的再利用模式，使其彰显出独特的景观特征。

2.5.1 场所解读

（1）发展历史。双流水泥厂建于 20 世纪 70 年代，东、西、南三面群山环抱，北侧通过一条峡谷与城市相连（图 2-5-2）。至 90 年代已发展成为拥有三条机械水泥生产线的水泥厂，年产量 5 万余吨，是转塘地区成立最早、产量最大的水泥厂之一，在杭州乃至周边地区享有盛名。但因水泥生产引发的环境问题，以及高能耗、高污染的负面效应，影响了城市空气和环境质量，本世纪初该厂停产。厂区内保留了 6 组外形高大类似烟囱的熟料房和生料房，以及厂区生活区的附属用房。

（2）场所特征。水泥厂在生产过程中需要对大量的碎石灰石、水泥生料、水泥熟料、水泥成品、粉煤和粉磨矿渣等松散物料进行贮存，因为静态设计方面的优势，以钢筋混凝土或预应力混凝土建造的筒仓成为水泥厂大量运用的贮库类型。工厂停产以后，厂区内保留了6组外形高大的筒仓类建筑——熟料房和生料房，以及厂区生活区的附属用房。水泥厂工业遗址改造前后对比见图2-5-3。

厂区三面被山体围合，其中一面山体为废弃矿区。场地内超大尺度的桶状形体的建、构筑物，加上周边绿色山体和废弃矿区的地理环境赋予了场地特殊的气质，极具后现代美学特征，呈现给人强大的视觉冲击力和震撼力。优美的自然环境与山地水泥厂工业遗址相互辉映，场所环境具有独特的魅力。

（3）区位优势。园区的资源和优势非常明显。首先，园区坐落在"之江国家旅游度假区"内，紧邻风景区，三面环山，空气纯净，并且交通便利；其次，辖区内有中国美术学院、浙江工业大学等多所高等院校，具有丰富的人力资源优势，可以为园内入驻企业提供源源不断的专业人才；第三，国际化的产业定位，使园区一开始就建立在国际高起点基础之上。

2.5.2 场所改造

（1）功能定位。由于该厂区距中国美术学院象山校区仅约2km，依托周边资源，发挥美院优势，西湖区政府和之江国家旅游度假区管委会将双流水泥厂与周边区域整体定位为集设计服务、艺术创作、展览展示、新媒体、特色旅游等为一体的国际化创意园——之江文化创意园，凤凰·创意国际园区则是之江文化创意园的启动项目，是目前国内唯一由水泥厂改建而成的创意园区。图2-5-4是凤凰创意园周边用地情况。

（a）改造前的双流水泥厂

（b）改造后的凤凰创意园

○ 图2-5-3 改造前后对比

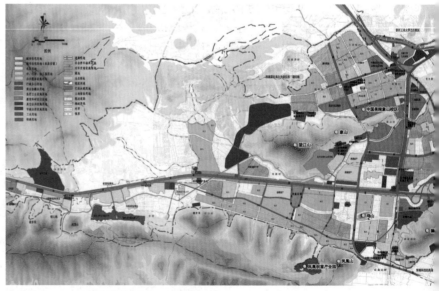
○ 图2-5-4 凤凰创意园周边用地情况

（2）设计理念。设计师突破了传统美学的设计理念，在设计中着重贯穿生态设计的理念，充分遵循场地特征，保留并大规模利用场地内的工业遗存，通过新旧元素的巧妙叠加运用，使其转变成为园区的各类景观元素，变为富有艺术气息和多种功能的新景观。凤凰创意园区入口见图2-5-5。

（3）总体规划。规划延续山水自然地景，充分挖掘水泥厂工业遗产魅力，以水泥生产车间为中心，结合周边原管理用房和生活区、采矿区等设施各自的环境特点，规划成具有创意办公、交流、旅游、综合职能的创意园区。园区规划由艺术中心、工业遗产保留区、设计产业部落、影视产业部落、雕塑陶艺艺术部落、工业遗产及室外展览区共六大功能区块组成（图2-5-6）。

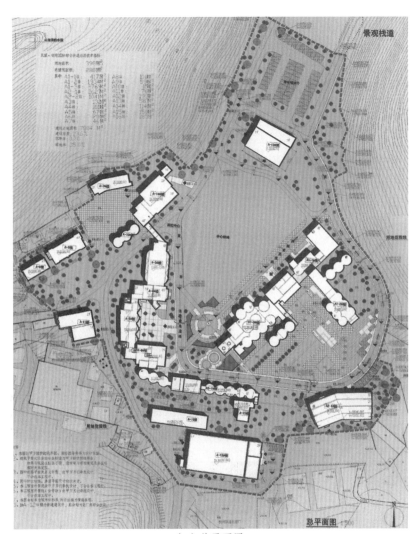

（a）总平面图

○ 图 2-5-5　凤凰创意园区入口

（b）改造后的1、2号楼

○ 图 2-5-6　凤凰创意园区总体规划

（4）业态引入。2009年9月园区一期开园以来，已有德国平面设计有限公司、日本建筑设计有限公司、杭州飞鱼工业设计有限公司等80多家企业先后进驻，2012年首个地方馆——台湾馆入驻。

2.5.3 设计解读

（1）遵循基地特征，保留改造原有建构筑物。昔日的开采，在山体上留下了抹不去的伤痕，但也透露着野性和粗犷之美，水泥厂生产建构筑物超大的尺度与废弃矿山的粗犷之美相呼应。改造设计完整地保留了水泥厂建筑群的质朴感官和极具层次的建筑分布形态，并通过结构加固，楼梯、电梯安装及新旧建筑拼接等一系列改造措施，使它们成为别具特色的创意工作室、展示空间、餐厅、办公楼、空中廊道等（图2-5-7）。

（2）依山就势，建造新建筑。设计师依山就势，在生活区的山体旁结合保留建筑建造了呈台地式分布的包豪斯风格的新建筑。新建建筑的风格、色彩与老建筑"和而不同"，并且通过连廊加强与老建筑的联系。新建建筑的设计以原有厂房中广泛使用的水泥材质和水泥预制米字格图形为出发点。采用水泥、水泥预制块、木材、自铁皮、钢板、石子等同调性材料，以深灰色、灰色、棕色为色彩基调，以米字格、水字格等组合作为肌理图形。顺应厂房的现状和新的空间使用要求，做出适当的增删修补。形成一个供创意产业进驻后在内部继续再改造的基础（图2-5-8）。

（a）空中廊道

（b）加建楼梯

（c）内部展示空间

（d）创意空间

○ 图2-5-7 保留建筑的改造

（a）新建建筑 B1

（b）新建建筑 B11

（c）新建筑立面处理

（d）新建筑高差处理

图 2-5-8　新建建筑

（3）运用场地元素，塑造特色景观。在园区入口处，面对庞大、复杂多样的工业建筑群和自然山体围合的半开放空间，设计师用简洁的大草坪来突出整个空间的整体感，而在草坪与建筑群的交界处则通过乔木和球灌木来强化空间的边界，实现自然过渡。大草坪的设计为音乐节等各种大型活动的举办提供了可能。在大草坪的背后，新旧建筑围合形成的广场上，设计师运用结构主义设计手法，布置了银杏树阵。树阵规则的排列方式与新旧建筑物规则的开窗形成了良好的呼应（图 2-5-9）。

（a）园区大草坪

（b）乔木和球灌木

（c）银杏树阵

（d）大草坪上音乐节

图 2-5-9　特色景观塑造

2.5.4　改造设计手法

（1）建筑形态改造。水泥厂以三至四层高大的几何形混凝土建筑围合而成，建筑与建筑间架有空中斜廊，配合许多圆形桶状水泥立窑，有的独立存在，有的半嵌入建筑中的特点，充分体现出水泥厂建筑的功能特点。

但由于桶状水泥立窑较其原有使用功能需要筒体而言较为封闭，很大程度上不能满足其功能置换后的使用需求，因此在其筒体表皮处理上，于适合的层高处开尺度较小的窗洞采光。又由于结构的需要，在窗洞四边增加了井字形钢条加固，同时在水泥立窑的底部开设门洞，方便进出。这样既满足了功能上的使用需求，又丰富了原来较为单调的建筑立面，同时也保留了大部分原有建筑的建筑表皮形态（图2-5-10）。

在局部几个建筑体量较为零乱的建筑之间增加了明框玻璃幕墙，这样既统一了原来零乱的建筑外立面，又丰富了建筑形体，使之形成对比，强化视觉效果。在园区建筑单体局部表皮方面，大量采用米字形透空水泥砖，通过局部"虚"的处理来反映水泥厂建筑的"实"，虚实结合，既强化了对比，也丰富了表皮界面。米字形透空水泥砖同时通过金属材料在建筑外墙、隔断及围栏处都得到了充分运用（图2-5-11）。

（2）建筑材料应用。园区建筑的主要材质是混凝土，混凝土表面存有细小的微粒肌理，给人以粗糙的质感，同时配合以局部玻璃幕墙，通过玻璃的光泽、透明与水泥墙面的粗糙、厚实形成对比，缓和了单一材质给人带来的乏味，同时也更加突出了主体材质

（a）桶状水泥立窑小窗洞

（b）水泥立窑表皮

（c）桶状水泥立窑井字形钢条

（d）水泥立窑底部门洞

○ 图2-5-10　水泥立窑的改造

（图2-5-12）。

在入口处局部采用了柔性、具有亲和力的材料，并使用了防腐木板。在由外界水泥构成的灰色工业感较强的环境向室内过渡的区域局部采用柔性材料，既提示了空间又形成了自然的内外过渡。在局部建筑周围外部新加建户外金属制楼梯，保留楼梯金属色所显现出来的黑黄铁锈色，自然也保留了遗存建筑的工业感。

2.5.5 建构筑物改造

（1）筒仓改造。6组外形高大、状似"气势磅礴"的烟囱的熟料房和生料房被保留，其原本中空的内部空间被做了立体的楼层分隔，变成了创意企业入驻的工作室。加建部分与原有多层建筑空间互相连通，形成变化有致的连续空间。景观电梯被包裹在玻璃、钢结构的建筑物内，悄悄地依附在保留的水泥建筑旁，形成色彩、虚实、材质等方面的鲜明对比。巨大的水泥罐上开出了一个个风格各异、富有节奏的窗户，犹如蜂巢的出口，水泥罐的外部则由于结构安全的需要，被

（a）明框玻璃幕墙形成对比

（b）米字形透空水泥砖外墙形成延续

（c）米字形透空水泥砖围栏

（d）米字形透空水泥砖隔断

○ **图2-5-11　材料的对比和延续**

（a）材料的对比

（b）形态的对比

○ **图2-5-12　水泥墙与玻璃幕的对比**

打上了钢"补丁"，显得尤为粗犷。出于消防安全和功能考虑，不少水泥建筑旁增设了黑色钢结构户外楼梯，回旋而上地包裹着水泥建筑（图2-5-13、图2-5-14）。

（2）空中运输带改造。连接熟料房和成品车间的空中运输带，被改造为"空中廊道"，为参观者提供了俯瞰园区和远眺四周景观的机会。部分建构筑物的底层被开辟作为非机动车停放场地。部分创意公司的LOGO采取涂鸦形式画在水泥灌上，极具创意和艺术感染力。

（3）车间改造。原来的成品车间变为接待厅，用一块80m²半入地式的沙盘地图，展示之江文化创意园区占地近22hm²的立体形貌（图2-5-15）。水泥

（a）筒仓外钢楼梯 （b）建筑外挂钢楼梯

◎ 图2-5-13 外部新加建楼梯

（a）整体效果 （b）筒仓入口

◎ 图2-5-15 接待厅内的展示沙盘

（c）筒仓底层架空 （d）水泥筒仓上的LOGO

◎ 图2-5-14 筒仓的改造

厂入口旁的两个机修车间则被改造成为园区创意展示区（图2-5-16）。

2.5.6 其他

刷有红色标语的构筑物、花架，以及刻有"医务室"字样的圆洞门墙垣被作为景观元素保留了下来，向参观者传达着场所记忆。原厂区生活区内的六角亭及其周边的植被被很好地保留了下来，场地四周铺上了防腐木，并设置了水系，摆放了休闲桌椅，显得幽静而休闲。

园区内的路灯运用场地内的原材料进行精心设计，灯柱下半截利用废弃的水泥杆、上半截则是黑色钢管。园区内的标识系统采用桃红色，在整体环境中显得分外突出，仿佛一件件雕塑作品摆放在场地中（图2-5-17）。

○ 图 2-5-16 创意展示区室内

（a）六角亭

（b）景观小品

（c）园内路灯

（d）园内指示牌

○ 图 2-5-17 环境设施小品

2.6

项目名称：杭州运河天地文化创意园（大河造船厂）

项目地址：杭州市拱墅区小河路 488 号

项目业主：杭州市拱墅区文化创意产业办公室

改造前用途：造船厂

改造后用途：创意产业

占地面积：4.23hm²

建筑面积：1.85 万平方米

始建时间：20 世纪 60 ~ 70 年代

改造时间：2011 年

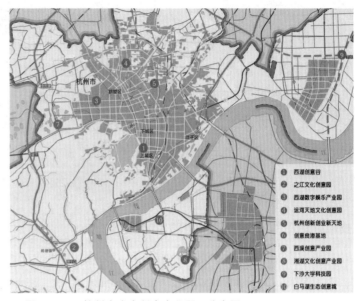

◎ 图 2-6-1　杭州市十大创意产业园区分布图

千年运河在杭州市拱墅区境内绵延 12km，拱墅区的发展与运河的兴衰息息相依。运河天地位于杭州拱墅区桥西单元的京杭运河畔。地块周边运河沿岸散落着高家花园、桑庐、桥西历史街区、富义仓遗址等，现存有大量始建于清末、民国初的民居，具有深厚的历史文化积淀。独具韵味的运河文化成为拱墅区集历史、地理、人文、经济等资源于一体的得天独厚的综合品牌（图 2-6-1）。

运河天地的前身为杭州城北轻纺、化工、重机等近现代工业及仓储集中区，该地区曾云集了众多大型国有工厂，例如棉纺织厂、化纤厂、化工厂、造船厂等，记录着 20 世纪 90 年代前杭州工业时代的辉煌。运河天地以工业遗产保护与利用为特色，以创意产业为龙头，适当错位发展，主要培育文化艺术、设计服务等产业，带动运河沿岸商业、旅游、餐饮、娱乐等相关行业的联动

发展。现已形成旅游文化创意园（大河造船厂）、LOFT 49 基地（杭州化纤厂）、西岸国际艺术区（长征化工厂）、丝联 166（杭州丝联实业）、A8 艺术公社、唐尚 433 基地等板块。杭州市工业遗产分布如图 2-6-2。

2.6.1　园区组成

（1）LOFT 49。杭州化纤厂创建于 1958 年，后为杭州蓝孔雀化学纤维（股份）有限公司的锦纶厂厂区，位于杭印路 49 号，是全国首批建造的四家化纤厂之一。2002 年，一批艺术家和设计师先后入驻，在随后的短短几年，形成了新型文化创意产业聚集地——LOFT 49（图 2-6-3、图 2-6-4）。

（2）西岸国际艺术区。长征化工厂创建于 1950 年，位于杭一棉厂北侧，轻纺路以南，东邻运河，占地面积 1.44hm²，由 14 幢单体保留建筑组成，总建筑面积

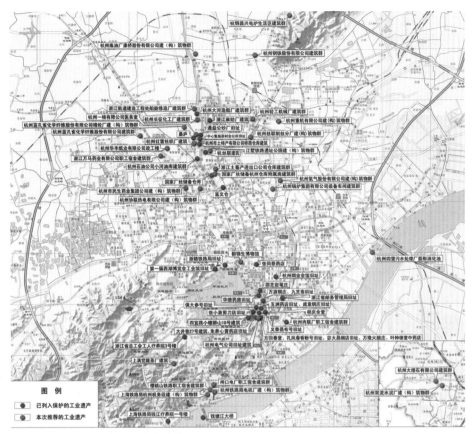

○ 图2-6-2 杭州市工业遗产分布图

○ 图2-6-3 运河天地组成及现状卫星照片

（a）园区环境

（b）园区入口

（c）园区建筑

○ 图2-6-4 LOFT 49 创意产业园

77

5800m²。园区内保留着旧机器、泵阀、管道、砖墙等标志性符号，2006～2008年改建为西岸国际艺术区（图2-6-5）。

（3）丝联166。丝联166位于丽水路166号，园区占地面积6000余平方米。原为杭州丝绸印染联合厂，建于20世纪50年代，已有50余年历史，园区内按照"保留、改造、新建"的原则规划，同时体现时尚和现代的特点，创造适宜的环境（图2-6-6）。

（4）A8艺术公社。A8艺术公社位于拱墅区八丈井西路28号，前身是八丈井工业园区，曾集聚了10多家中小型工业企业，是一个由行政楼、大厂棚、食堂和停车场等建筑组成的厂区，建筑面积2.5万平方米，于2006年进行创意园区改造（图2-6-7）。

（5）唐尚433。唐尚433的前身是杭州工艺编织厂的旧厂房，均为20世纪50～60年代的建筑。1999年杭州工艺编织厂搬出后，该处便成了垃圾堆场。2005年年底，杭州艺王装饰有限公司对整个大院进行清理和改造，形成唐尚433创意设计中心（图2-6-8）。

（a）艺术区入口　　　　　　（b）458西岸　　　　　　（c）艺术区6号楼　　　　　　（d）艺术区博艺美术馆

○ 图2-6-5　西岸国际艺术区

（a）丝联166入口区　　　　　（b）丝联166临街面　　　　　（c）创意工作区入口　　　　　（d）蜜桃餐厅

○ 图2-6-6　丝联166

（6）大河造船厂。大河造船厂是杭州市第五批历史保护建筑，建于20世纪60～70年代，见证了杭州运河造船、航运的历史。厂区依运河而建，总占地面积3.1hm²，总建筑面积2.25万平方米。共有9幢土黄色的厂房，其中9号、11号和12号三幢厂房是"连体"建筑，厂房空间高大，造型别致，是运河边一处独特的景观（图2-6-9）。

2.6.2 园区改造

（1）发展历程。进入新世纪，随着杭州经济结构的调整和转变，该地区逐渐走向衰落，成为城市的生锈地带。转机出现在2002年，由于低成本的吸引，杭州化纤厂自发形成了第一个创意产业园（LOFT 49），为朽木带来了生机。在经济效益上，LOFT 49创造的价值令人瞩目：2010年，LOFT 49内企业人均年产值达到20万元，总产值达到4亿元，按1∶4的比例计算，可带动社会相关产业产值近16亿元。从此，该地区的创意产业如雨后春笋般崛起，形成以LOFT 49、西岸国际艺术区、乐富智、汇园等特色园区为重要基地的文化创意园，随后还带动了该地区文化旅游业的兴起。十年之后，该地区已逐步发展为一个集休闲娱乐、

（a）园区入口

（b）园区建筑

（c）艺术工场　　　　　　　　　（d）园区景观

○ **图 2-6-7　A8 艺术公社**

（a）园区入口

（b）入口区建筑

（c）园区主要建筑

（d）园区环境

○ **图 2-6-8　唐尚 433**

（a）入口景观　　　　　　　　（b）厂房改造一

（c）厂房改造二　　　　　　　（d）园区景观

○ 图 2-6-9　大河造船厂

城市更新模式的典型案例，其具体更新模式又可划分为产业型文化导向和消费型文化导向的两种模式，分别对应第一、第二阶段。

① 产业型文化导向模式。产业型文化导向模式属于与文化相关产品生产与服务的范畴，通过生产性服务业、创意产业提升区域产业竞争力，表现为文化创意园基地的形成与发展。其中，LOFT 49 和西岸国际艺术区分别代表了两种不同机制：LOFT 49 是由于市场规律及空间条件自发集聚形成的，其投资和运营主体均为创意型企业自身，后期由政府设立专门机构参与园区管理，因此总体而言，属于创意型企业自发行为与政府推动相结合的模式；以西岸国际艺术区为代表的其他创意产业园，则在多方主体推动下，由政府委托开发商对厂房进行改造，并改善地区的环境，然后整体开园招商，通过产业优惠政策吸引创意产业入驻，因此属于政府引导下的市场化开发模式。

② 消费型文化导向模式。消费型文化导向模式属于文化产品消费的范畴，通过商业、娱乐等第三产业提升地区的综合实力，代表为"大河造船厂"

创意产业、文化服务为一体的城市综合体，并统一打造为运河天地品牌。表 2-6-1 是对"运河天地"发展历程的解读。

（2）更新历程。对运河天地的发展历程进行梳理，可将其更新历程总结为两大阶段。第一阶段的关键词为"创意文化产业"，自发形成的创意产业体使得该地区开始复苏，进而引起政府重视，制定战略规划，并出台相关政策，与开发商联手共同推动邻近区域文化产业的发展；第二阶段的关键词为"文化旅游产业"，在区政府的推动下，由于产业发展对区域影响力的提升作用，以及运河的景观资源优势，该地区的文化旅游业发展迅速，以"大河造船厂"国际娱乐综合体的落成运营为标志。在整个发展过程中，政府的介入和战略导向成为扭转局势的关键要素。

（3）更新模式。运河天地依托创意产业与文化旅游业发展，"文化"这一关键要素在这个发展过程中创造了巨大经济价值，因此可作为文化主导

表 2-6-1 "运河天地"发展历程解读

LOFT 49 诞生	1990～1995 年	该地区逐渐沦为城市的"生锈地带"	衰败与危机
	1995 年	杭印路 49 号被纳入杭州市安居工程，面临拆除	
	2002 年	杭印路 49 号旧厂房由于其低房租和大空间被美国 DI 设计公司租下，采用 LOFT 改造模式，此后吸引了更多创意机构入驻，自发形成了杭州首个创意型企业集聚地	转机：创意产业自发形成
地区性规划修订与政策出台	2003～2005 年	当地媒体宣传，地方政府邀请文化学者参加文化发展战略会议，得到相关管理部门的肯定，杭印路 49 号得以保留并更名为 LOFT 49	阶段一：引起政府重视，公私合作，推动区域创意文化产业标志区的发展
	2006 年	政府开始把文化创意产业作为产业转型升级的主攻方向，提出了打造杭州市文化创意产业示范区的目标	
		编修《桥西规划管理单元控规》，制定《拱墅区文化创意产业十二五规划》、《运河天地文化创意园三年行动计划》	
"运河天地文化创意园"形成	2006～2008 年	通过公私合作，形成以"运河天地"为品牌，以 LOFT 49、西岸国际艺术区、乐寓·智汇园、A8 艺术公社等特色园区为重要基地的"运河天地文化创意园"	
"大河造船厂国际娱乐综合体"落成	2008 年	经政府批准，由杭州市运河综合保护开发建设集团有限责任公司出资，成立杭州运河集团投资发展有限公司	阶段二：关注点开始转向文化旅游业
	2008～2010 年	《杭州桥西单元运河国际旅游综合体控规》调整。在政府的支持下，杭州运河集团开始实施大河造船厂工业遗存的综合保护工程	
	2011～2012 年	以"老船厂、新生活"为主题的"大河造船厂"娱乐综合体落成营运，入驻电影院、创意餐厅、奢侈品店、酒吧、娱乐会所，并举办首届运河畔露天音乐节、创意市集等活动	

国际旅游综合体。其运作机制与西岸国际艺术区较为相似，但相较之下政府的主导地位更强，运作过程更为复杂：由政府投资组建运河集团投资发展有限公司，进行项目开发和运营管理。运河集团在对造船厂地块进行地段评估之后，根据 2004 年调整后的《杭州桥西单元运河国际旅游综合体控规》对地块的重新定位，委托设计单位对地块进行详细设计。随后实施老厂房的改造整修，同时改善地区的基础设施与整体环境，最后开园招商，吸引餐饮、娱乐、高端商业的入驻。因此属于政府主导的市场化开发模式。运河天地开发模式见图 2-6-10。

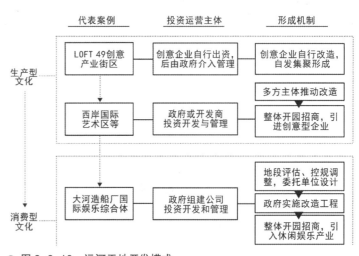

○ 图 2-6-10 运河天地开发模式

（a）旅游贸易公司

（b）装修设计公司

（c）艺术摄影空间

（d）酒吧娱乐场所

○ 图 2-6-11　LOFT 49 园区产业

（a）咖啡馆

（b）艺术摄影公司

（c）广告策划公司

（d）广告设计公司

○ 图 2-6-12　丝联 166 园区产业

（4）发展定位

① LOFT 49。其发展定位是：杭州市级文化创意产业基地，全市创意时尚发布与交流展示中心，一个以高端文化艺术工作室集聚为特色，以时尚发布、产品展示、环境艺术设计、产业发展研究为主要内容的综合性文化创意产业园区，国内知名的极具艺术特质的标志性文化创意园区（图 2-6-11）。

② 丝联 166。其发展定位是：以环境艺术设计、室内建筑设计、建筑装饰设计为特色的文化创意园区，利用杭州丝联实业工业遗产特色，建设成为集创意办公、创意展示与休闲娱乐完美交汇的时尚之地（图 2-6-12）。

③ 乐富·智汇园。其发展定位是：杭州市级文化创意产业基地及现代工业创意园，未来杭州以现代工业设计研发、影视制作、印刷及包装等行业为主要产业集聚特色的创意产业园区（图 2-6-13）。

④ 元谷文化创意园。其发展定位是：杭州市级文化创意产业基地，以发展广告传媒、建筑装饰设计、婚庆摄影、文化传播等综合性文化创意产业为集聚特色（图 2-6-14）。

（5）产业发展。以设计服务业和现代传媒业为主导，大力扶持发展文化旅游休闲类、工业及产品设计类、创意设计类行业，并培育成为引领全区文化创意产业的重点发展行业。同时，鼓励发展咨询策划、艺术品业等其他门类的文化创意产业。

① 文化休闲旅游类文化创意产业。主要指以依托"运河天地"品牌效应发展的策划推介、旅游观光、餐饮、酒店、娱乐设施等时尚消费类产业。以大河造船厂区块、运河新城区块为主，着力发展旅游观光和时尚消费。

② 现代工业设计类文化创意产业。主要指先进装备制造设计、IC 集成电路设计、包装设计、模型设计、服装设计等工业设计和平面设计、广告设计等行业。

③ 现代传媒类文化创意产业。主要指

（a）商务中心

（b）7～10号办公楼

（c）3～4号办公别墅

（d）园区入口

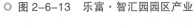
○ 图 2-6-13　乐富·智汇园园区产业

（a）园区入口

（b）元谷·和睦园

（c）元谷·小河园

（d）元谷·湖墅园

○ 图 2-6-14　元谷文化创意园园区产业

以适应网络化与数字化发展趋势，以版权的形成与应用为载体的影视制作、网络文化、出版印刷等行业。

④ 创意设计类文化创意产业。主要涵盖以创意设计为主要内容的建筑景观设计等相关行业，辅以装潢、图文设计、建筑模型制作等相关行业，同时，大力发展环境规划设计、园艺设计、城市色彩设计等相关业态。

2.6.3 大河造船厂

（1）发展历史。1958 年，杭州拱墅国营造船厂成立，1959 年更名为杭州大河造船厂，从原来的登云桥位置搬迁至现在的轻纺桥附近，经过当时拱墅区、杭州市政府的拨款建设，相继有了 9 个老厂房、职工食堂、职工宿舍等建筑设施。1967 年，大河造船厂自主研发的第一艘机动水泥结构客运船下水试航，告别了大河造船厂之前只制作木结构手划船的时代，生产出了第一条机动

船。1972 年，自主研发 200t 油轮，用于上海黄浦江的外轮加油，并获成功。1975 年，大河造船厂开始生产登陆艇，成为解放军总后勤部门定点生产厂家。

20 世纪 70 年代是大河造船厂的全盛时代，生产技术在杭嘉湖一带领先，造船的业务量也达到了一个顶峰，创造了一年制造各类船舶 90 条的最高纪录。自 2002 年起，杭州运河集团便开始对杭州市区境内，从起点余杭塘栖，终点至杭州三堡船闸的 39km 长的运河沿岸的不同区域范围进行综合保护。其中大河造船厂等具有一定历史价值的工业建筑群的保护与再利用是整个运河综合保护工程的重点项目。图 2-6-15 是该厂改造前后卫星图片对比。

（2）场所特征。大河造船厂建筑群建于 20 世纪 60 ～ 70 年代，坐落于大石桥，东面紧邻大运河，由

（a）改造前卫星图片（2005 年）

（b）改造后卫星图片（2011 年）

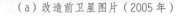

○ 图 2-6-15 改造前后卫星图片对比

三座大小不一的大空间联体厂房、车间组成。厂房宽约20m，长30～60m，双坡屋面，钢架或混凝土大型梁柱结构，二层通高，转轴型窗户。厂区西侧的几座建筑，过去作为生产车间使用，东侧沿运河的建筑为船舶修造车间，车间伸入运河，内有铁轨等机器构件。厂区内有东、西向的几排主要生产车间的厂房，厂房之间没有设墙，只有密集的柱子。该厂系小型船舶修造厂发展而来，陆续建造了轮机间、放样间、空压机、电工、漆工车间，翻砂、锻工车间等，后承担军工登陆艇的制造任务。

（3）建筑状况。整个厂区内遗留有14栋风格不一的建筑，均为一至三层的砖混框架结构及单层排架结构。其中1～3号楼因为建筑风貌较差，与周围建筑关系不紧密，不予保留；其余11栋都具有各自独特的建筑风貌，规划确定予以整饬和改建。其中的11号楼不但建筑风貌独特，而且工业遗存明显，又是原船坞所在位置，为重点保留建筑。

（4）功能定位。集工业遗产保护、运河非物质文化展示、创意产业、休闲旅游、文化娱乐于一体，兼具高品质公共服务内容的旅游商业综合体，环境优美、交通便利、服务完善的多功能综合区域。

（5）保护工程要求。保护工程将完整保留厂区原有的框架，对原有厂房结构进行加固、分层。在原来几乎敞开的建筑东西两侧添加玻璃幕墙，修复原有外墙，并种植爬山虎，使其保有原有韵味。完善基础设施建设，重建雨、污水管道等综合管道，种植绿化。考虑到运河旅游国际综合体的使用需要，新增地下停车库4000m²。

具体要求为：保持厂房的建筑造型、外立面颜色、建筑细部和内部主体结构形式不变，只对破损部位进行加固和抢救性修补，维持其原貌；内部保留具有象征意义的船坞部分，同时利用层高较高的条件，局部增加钢结构夹层，尽可能地满足改造后作为新建筑的使用要求。图2-6-16为规划总平面图，图2-6-17为总体鸟瞰图，改造前船坞状貌见图2-6-18。

○ 图2-6-16 规划总平面图

○ 图2-6-17　总体鸟瞰图

（a）外观

（b）内部空间

○ 图2-6-18　改造前船坞状貌

（a）开放空间

（b）半开放空间

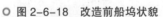

○ 图2-6-19　拆减墙体

（6）建筑改造手法

① 拆减墙体。大河造船厂在面向运河的一侧，打通了南北面的部分墙体，使整个建筑与码头、遗址点、运河贯串在一起，形成了半闭半合的开放式空间（图2-6-19）。

② 垂直拆分。大河造船厂的大跨度船舶修理车间在改造中添加了东西两面的玻璃幕墙，并在纵向上加置楼板，将大空间划分为上下两部分。局部底层打通，形成贯穿东西的内部走廊，与二层的围合部分产生虚实的对比。另一部分在外立面上是整体的玻璃幕墙，内部采用钢架结构制造了高度适宜的夹层空间，为商业和餐饮带来了更多的利用空间，也丰富了竖向的空间层次（图2-6-20）。

③ 建筑材料。在原材料的基础上添加了木材、玻璃幕墙、金属框架以及黄色涂料等，如图2-6-21所示。大河造船厂改造后的建筑外表皮，采用了木板和玻璃幕墙间隔的形式，在大跨度的钢架屋顶下，折射出富有韵律的光影变化，使得新建筑在运河畔熠熠生辉。

④ 运河界面。大河造船厂东侧

（a）内部贯穿走廊

（a）添加木材

（a）下水坡道遗址

（b）底层打通

◎ 图2-6-20　垂直拆分

（b）黄色外墙涂料

◎ 图2-6-21　建筑材料

（b）亲水平台

◎ 图2-6-22　运河界面

建筑原为船舶停靠维修车间，并设有两个船舶下水坡道，在改造设计中，建筑师保留了坡道遗址，其中一处采用玻璃地面架空在遗址上的方法，将其作为游览者可见的开放景观；另一处则连接了中心广场和亲水廊道，作为游览者可体验的历史场地（图2-6-22）。

⑤ 亲水设施。运河沿岸部分，在原码头及驳岸基础上，向运河延伸出若干亲水平台和走廊，与改造的建

（a）亲水廊道

（b）运河沿岸景观

◎ 图2-6-23　亲水设施

筑体之间形成迂回曲折，虚实变幻的自由廊道，并且和南侧的亲水绿地完成对接（图2-6-23）。在东侧的亲水平台上能够感受运河的和风、碧水、游船以及两岸的美景。

2.7

项目名称：南京晨光 1865 创意产业园

项目地址：南京秦淮区应天大街 388 号

项目业主：南京晨光集团

设计单位：东南大学建筑研究所

改造前用途：南京晨光机器厂

（金陵机器制造局）

改造后用途：科技创意产业

占地面积：21hm²

建筑面积：10 万平方米

始建时间：1865 年

改造时间：2007 年

园区由原晨光机器厂厂房改建而成，占地面积 21hm²，拥有清朝、民国、建国后不同年代、各具特色的各类建筑 48 幢（包括 7 幢清代建筑、19 幢民国建筑），总建筑面积 10 万平方米，堪称中国近代工业建筑的"历史博物馆"。它是以航天科技为依托，融科技、文化、旅游、商业等为一体的综合性时尚消费、创意产业中心和时尚地标，是南京规模最大、在业内享有较高知名度的园区（图 2-7-3 ～图 2-7-5）。

1865 创意产业园位于南京市中心地区南侧的秦淮区，距离夫子庙 1.2km，北临秦淮河，与中华门城堡隔河相望。南侧有城市主要干道应天大道，南京高铁车站距该区域 7km，与建设和规划中的南京地铁 3 号线与 8 号线在东侧交汇（图 2-7-1）。

该区域有着丰厚的历史文化底蕴。西侧是南京历史最悠久的寺庙——大报恩寺遗址，南连著名的雨花台风景区，北部顺着水系与夫子庙等古代最繁华的秦淮河商业区连成一体，近年来也被纳入秦淮河旅游风光带。图 2-7-2 是该产业园与南京主城区关系图。

○ 图 2-7-1　1865 创意产业园在南京市的区位

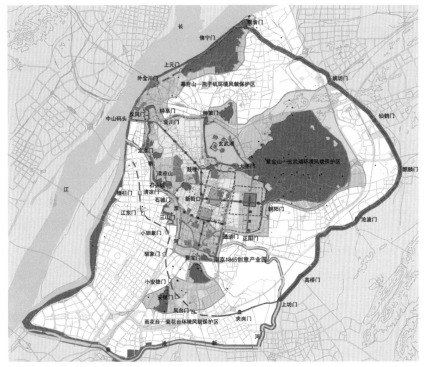

○ 图2-7-2 1865创意产业园与南京主城区关系图

○ 图2-7-3 1865创意产业园周边景点

○ 图2-7-4 现状卫星图片

（a）金陵制造局大门

（b）改造前锯齿形厂房

（c）语录

（d）铭牌

○ 图2-7-5 充满历史感的建筑与符号

2.7.1 场所解读

1865 年，太平天国农民起义失败以后，时任两江总督的李鸿章移署南京，将苏州洋炮局搬迁到了南京，在城南扫帚巷一带拆民房圈地，主持创建了金陵制造局，当时共有厂房数十间，共有军民工人 400 多人，分设机器厂、翻砂厂、熟铁厂和木作厂，其中就有现存完好的机器正厂（B2）、左厂（B3）和右厂（B1），主要生产炮弹、抬枪、铜帽。1883 年，金陵制造局又新建了一批厂房，包括现存完好的卷铜厂和炎铜厂（E11）、熔洞房（D6）、机器大厂（A8）和木工大厂（E9），还在厂内开挖了引河并修建码头，于 1887 年完成了第二次扩充。

清代所建的厂房虽然遗存下来较少，但遗存下来的已基本确定了现在厂区的南北界限与西部的范围，并且对后来建筑的肌理产生了重要影响。清代留存建筑的重大历史意义与建筑价值为创意产业园的策划与成立起到了重要的作用。

1929 年金陵制造局改为金陵兵工厂，1934 年开始了民国以来最大规模的扩建。工厂共征地 223 亩，并扩建、新建了南北弹厂（A1、A2）、木厂、工具厂、物料库（E14）、实验室（D5）、职工宿舍（E12）等，整个厂区得到了完善，生产能力大大增加。这次扩建、新建的厂房构成了目前 1865 创意产业园内最主要的建筑，为园区整体建筑特色定下了基调。

民国时期的厂房是当前创意产业园中所占比例最大的厂房群，当时的金陵兵工厂也基本形成了如今厂区的主体与最重要的历史建筑保护区，决定了建筑的文脉与肌理，为创意产业园建筑的风格材料定下基调。21 世纪以来厂区的建设基本上都是以民国时期的状态作为主要参考对象。

1948 年年底，国民党政府将从金陵机器制造局改造而来的 60 兵工厂搬迁，只留下无法搬走的厂房。1949 年 4 月，第二野战军部队接管了 60 兵工厂，更名为华东军械总厂，主要承担军械修理任务。1965 年 1 月，工厂的迫击炮生产线西迁重庆合川县，组建了 167 厂。同时，工厂由所隶属的第五机械工业部划归第七机械工业部，即后来的航天工业部，专门从事航天产品地面设备的研制生产。从此，工厂结束了制造常规武器的历史，开始转向航天领域武器系统的研制与生产，并更名为晨光机器厂。

建国以后虽然晨光机器厂也进行了大规模的建设，但该区域并没有过多的拆改，厂区范围也分别向东、西、南三个方向延伸，其中只有向东延伸的部分纳入了现在 1865 创意产业园的范围。这一时期在东部新建的大型红砖厂房为创意产业园增加了新的建筑元素；而南部山坡上厂房的建设也为产业园增添了新的建筑类型。至此，创意产业园范围内的可建设用地已基本用尽，也由此控制住了成立创意产业园后的建设规模。图 2-7-6 是园区建筑编号，图 2-7-7 是建筑综合评价图。

2.7.2 场所改造

1996 年晨光机器厂改制为晨光集团有限责任公司，2006 年晨光集团主要生产设备从厂北区向厂南区和江宁、溧水迁移，留下生态环境保存完好的老厂区。自 2007 年起，南京市有关部门开始着手将厂区内的厂房进行置换，并对这一完整的近现代工业建筑群进行了整修，

2007年9月正式开园。

（1）发展定位。1865创意产业园由晨光集团和南京市秦淮区政府共同打造，双方按65%和35%的出资比例共同组建了园区的运营主体南京晨光1865置业管理有限公司。园区总投资5亿元，占地面积21hm²，总建筑面积约10万平方米。1865创意产业园秉承南京特有的秦淮文化、工业建筑文化、时尚休闲文化、科技创新文化、艺术创意文化，将之打造成为国内外知名的高定位、高起点的融文化、旅游、时尚休闲、创意和科技为一体的综合性时尚生活创意展示中心和地标（图2-7-8）。

在《南京市外秦淮河规划》中，提出复建位于金陵机器制造局遗址西北面的大报恩寺塔，并将其与制造局遗址连为一片，形成一个富有历史感的游憩场地，把晚清时的工业厂房建筑辟作中国军事历史博物馆，而民国时期的厂房建筑则继续其现在的功能，但用于民用工业生产，便于开放参观，以便更真实地传承场地的历史文化。

（2）改造过程。1865创意产业园内48幢建筑中除去新建的和没有打算改变功能的，剩下43幢建筑都是已经

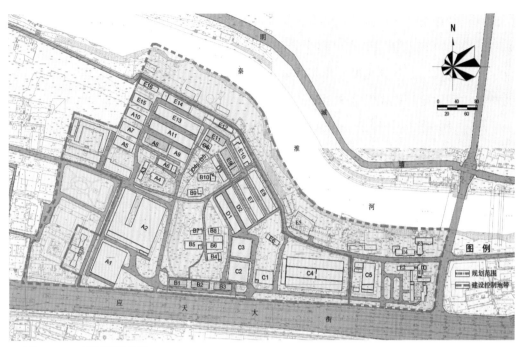

○ 图2-7-6　园区建筑编号

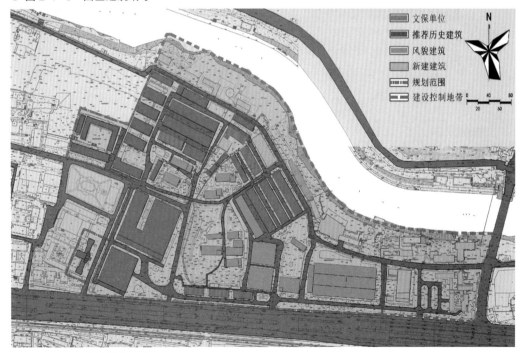

○ 图2-7-7　建筑综合评价图

经过了一定程度的改造或者需要进行改造才能重新使用。

（3）建筑特点。整个园区自金陵机器制造局时代发展至今，跨越了近150年的时间，从建造的历史年代来看，园区内建筑大致分为：清代建筑、民国建筑、建国后建筑以及其他小型建筑。图2-7-9是园区建筑年代图。

① 清代建筑。园区内共有清代建筑7幢，主要分两组。其中，一组由三栋建筑组成，分别是建于1866年的机器正厂（B2）、建于1878年的左厂（B3）和建于1873年的右厂（B1）。整组建筑外墙均用清式大青砖砌筑，门额上镌刻着建厂标牌，

（a）1865入口标志 （b）园区雕塑

○ 图2-7-8　1865创意产业园改造

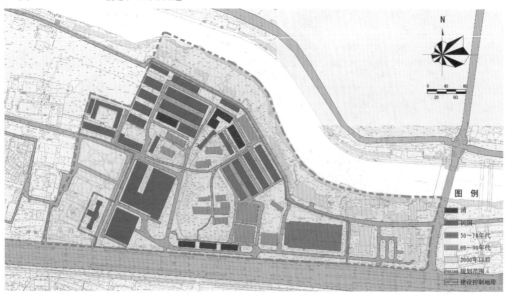

○ 图2-7-9　园区建筑年代图

简洁朴素，现用作办公楼。另一组由四栋建筑组成，分别是建于1881年的炎铜厂和卷铜厂（E11）、建于1885年的熔铜房（D6）、建于1886年的木工大厂（E9）和机器大厂（A8）。这组建筑为砖木结构，外部为清水砖墙，门窗均为半圆形砖拱券。整组建筑还完整地保留了铸造铜构件的工艺流程。由于其建筑质量较高，至今仍有个别建筑作为厂房使用，如木工大厂。图2-7-10是园区内的清代保留建筑。

清代厂房建筑大部分面积较小，只有几百平方米，青砖墙体承重，开窗面积不大，均为半圆拱形过梁，反映了中国早期近代工业建筑的特征，现已作为省级文保单位予以保护。这些清代厂房由英国工程师主持设计和建造，式样和格局参照英国工业建筑，限于当时中国的经济、技术条件，以木屋架代替了英国厂房常用的钢铁屋架。

② 民国建筑。民国建筑

可分为三组。第一组是位于厂区西南部的两栋多跨连续车间 A1、A2，钢筋混凝土结构，其屋顶上开设有锯齿形天窗，天窗为进口钢窗，面北而开，避开了太阳光直射，有利于工人在适宜的光线下操作。厂房内部总高8.68m，钢架结构，工字钢支柱，厂房四角均开有大门，这组建筑建于民国25年（1936年）。第二组为7座两层厂房楼群，位于厂区西北面 E14，钢筋混凝土结构，青砖墙体维护，其中大部分为木质桁架大跨度支撑屋面，跨度18m左右。建筑之间以过街楼连接，联系方便。第三组位于厂区东北面 D5，由四栋二层厂房及两栋物料库组成，其中两栋带有气楼。这两组建筑建于1934～1937年间。民国时所建厂房质量较高，现在均继续作为生产车间使用（图2-7-11）。

③ 建国后建筑。建国后建筑造型简朴实用，也分为两类：红砖厂房与水泥砂浆抹面多层厂房。红砖厂房集中在园区东南部，除混凝土圈梁外均为红砖砌筑，内部空间高大，平面较方，混凝土桁架梁结构，内部有桁车，建筑特征非常明显。水泥砂浆抹面多层厂房分布于园区的中部和东部，为框架结构、砖墙填充，3～5层高，用作生产或办公（图2-7-12）。

| （a）建筑 B1～B3 | （b）建筑 E11 |

| （c）建筑 E9 | （d）建筑 A8 |

○ 图2-7-10　园区内的清代保留建筑

| （a）建筑 A1 | （b）建筑 A2 | （c）建筑 E14 | （d）建筑 D5 |

○ 图2-7-11　民国保留建筑

（a）建筑 B8

（b）建筑 C2

（c）建筑 C1

（d）建筑 A6

◎ 图 2-7-12　建国后建筑

④ 其他小型建筑。园区内还零散分布了十几幢不同时期的小型建筑，通常作为厂区的后勤用地或仓库使用，这些厂房形式没有典型特征，大多为砖混结构，无论是形象还是使用上，在园区内均处于次要地位。

（4）规划设计。最近的一次规划由东南大学建筑研究所于 2007 年年底编制完成。该园区规划总占地面积 21hm²，总建筑面积约 10 万平方米，共有建筑 48 幢。其中清代建筑 7 幢，民国建筑 19 幢，现代产业建筑 17 幢，园区成立后新建商业建筑 5 幢。除了少量建筑建于园区中南部的马家山上外，大部分建筑及主要厂房位于较平的地势上。马家山西侧和北侧主要是民国建筑群，建筑肌理顺应河岸走势，大部分呈条状南北朝向。马家山东侧主要为建国后建筑，建筑单体占地面积较大。创意产业园成立后，园区东北角沿河有少量新建商业建筑（图 2-7-13、图 2-7-14）。

（5）业态布局。1865 创意产业园经过几年的筹划与准备，于 2007 年正式开园。现入园企业 99 家，划分为六种类型：

◎ 图 2-7-13　规划总平面图

① 科技研发类，共 31 家；② 工艺设计类，共 26 家；③ 艺术传媒类，共 21 家；④ 餐饮会所类，共 11 家；⑤ 总部办公类，共 9 家；⑥ 园区管理类，共 1 家。园区内企业以中小企业为主，企业人数平均在 50 人以下，平均注册资金在 100 万元左右。

2.7.3 园区布局

全园根据主次道路网和不同的区位条件，在功能上被划分为 5 个区域：科技创意研发区、自然风貌展示区、工艺美术创作区、文化创意博览区、旅游配套服务区（图 2-7-15）。

（1）科技创意研发区（A 区）。位于园区西部，并且拥有两个园区次入口，交通方便又相对安静。区域占地 3.4hm²，占园区总面积的 36%，共有 8 栋民国建筑（A1、A2、A3、A5、A7、A9、A10、A11），1 栋清朝建筑（A8），2 栋建国后的建筑（A4、A6）。科技创意研发区承载高端科学技术研究与开发，这里依托航天科技的背景，洋务运动的创新精神在这里得到了新生。图 2-7-16 为 A 区建筑现状。

（2）自然风貌展示区（B 区）。

B 区位于园区马家山之上，绿化环境好，最为私密。可以以相对高的地势远眺中华门城堡、雨花台风景区、明城墙、秦淮河。区域占地面积 1.3hm²，占园区总面积的 14.1%。区域内拥有 3 栋清朝建筑（B1、B2、B3），7 栋建国

○ 图 2-7-14 规划效果图

○ 图 2-7-15 功能分区图

后的建筑（B4、B5、B6、B7、B8、B9、B10），建筑规格考究，出挑简约。商务区着力引进温馨舒适、时尚个性的高端花园酒店，作为高端创意产业发展的配套设施。图2-7-17为B区建筑现状。

（a）A3（现为园区办公楼）

（b）A4（现为办公楼）

（c）A5（现为迪峰公司机加工房）

（d）A6（现为物业公司办公楼）

（e）A7（原为办公楼）

（f）A8（现为机加工房）

（g）A9（原为科研生产部库房）

（h）A10（原为办公楼）

（i）A11（现为11分厂机加工房）

○ 图2-7-16　A区建筑现状

（a）B1（现为厂史陈列馆）

（b）B2（现为厂史陈列馆）

（c）B3（现为厂史陈列馆）

（d）B4（现为机房）

（e）B5（现为档案馆）

（f）B6（现为办公楼）

（g）B7（现作为办公楼）

（h）B8（现为计量室）

（i）B9（原为股份公司设计中心）

（j）B10（现为办公楼）

○ 图2-7-17　B区建筑现状

（a）C1（原为特种改装车公司半成品库）

（b）C2（原为特种焊接工房）

（c）C3（原为六分厂大修装配工房）

（d）C4（原为特种改装车公司总装工房）

（e）C5（原为特种改装车公司喷漆工房）

◎ 图 2-7-18 C 区建筑现状

（3）文化创意博览区（C 区）。C 区位于园区的正中偏东处，沿街正对应天大街和高架桥，地理位置突出、交通便利、停车方便。区域占地面积 1.4hm²，占园区总面积的 15.5%。区域内大空间（层高 14m）的建筑共有 3 栋，另有一栋建筑 1、2 层用作招商中心和展示中心，3、4、5 层用作时尚生活休闲场所。文化创意博览区承载品牌展示、雕塑、时尚艺术展览和影视制作等创新领域，稀缺的挑高空间为创意产业呈现独特魅力提供了便利条件。图 2-7-18 为 C 区建筑现状。

（4）工艺美术创作区（D 区）。D 区位于园区的核心地带，交通干扰较少，背靠马家山，紧邻秦淮河，绿树成荫，风景秀丽。区域占地面积 9200m²，占园区总面积的 10.2%。这里的建筑大多历史悠久，其中清代建筑 1 栋（D6），民国建筑 4 栋（D2、D3、D4、D5），20 世纪 80 年代的建筑 1 栋（D1）。D 区建筑风格多样，各具特色，承载手工艺、实用美术、环境美术、工业设计等文化创意产业，历史的氛围与现实的创作在这里碰撞出新的火花。图 2-7-19 为 D 区建筑现状。

（5）旅游配套服务区（E 区）。E 区位于园区的东北部，紧邻秦淮河呈带状分布，方位得天独厚。区域占地面积 2.1hm²，占园区总面积的 24%。区域内现有建筑 10 余栋，其中民国建筑 6 栋（E7、E8、E13、E14、E15、

（a）D1（原为工具分厂机加工房）

（b）D2（原为工具分厂机加工房）

（c）D3（现为六分厂备件库、印刷所）

（d）D4（现为六分厂备件库）

（e）D5（原为化学分析室）

（f）D6（原为镕铜厂）

○ **图 2-7-19　D 区建筑现状**

E16），清代建筑 3 栋（E9、E11、E12），各类配套设施齐全，物业管理到位。时尚生活休闲区承载具有浓厚文化休闲主题的特色餐饮、酒吧和具有独特时尚气息的零售店、精品酒店等，秦淮河畔一道亮丽的风景在这里映入眼帘。图 2-7-20 为 E 区建筑现状。

2.7.4　建筑改造

（1）修旧如旧——保留建筑的原始肌理。对于园区内的几栋保存尚为完好的清代文物建筑，即主要是编号为 ZB2069、ZB2070、ZB2082 的三栋建筑，经过调研评估与分析之后发现，由于当时建造技术的制约，部分建筑结构已经出现安全隐患，需要进行加固整修。此外，由

于年代久远，建筑外墙面、屋面以及门窗都已经明显破败，另外有植物攀附，对墙体产生了很大的破坏，因此需要割除攀附在建筑外墙的植物，然后对砖瓦门窗等进行检查与更换。图 2-7-21 为文物建筑修复前后对比。

（2）极简介入——体现工业建筑简约之美。民国时期的厂房建筑有着最为鲜明的特色，富有张力、简洁、朴实，但结构坚固、保存完好。对于这部分建筑，本案采用一种"极简介入"的方法，在不改变原有建筑风貌和肌理的情况下，加入轻质材料构件，使其功能完备。例如厂房入口处采用玻璃雨棚，造型简练、大方、轻巧。图 2-7-22 是民国建筑修复前后的对比。

（a）E7（原为机加工房）　　　　　　（b）E8（原为工具分厂的机加工房）　　　　　　（c）E9（原为六分厂机修）

（d）E10（原为八分厂工具大楼）　　　　（e）E11（原为动力站库房）　　　　　（f）E12（原为动力站办公楼）

（g）E13（现为装配工房）　　　　　　（h）E14（原为物管站物料库）　　　　　（i）E15（现作为环境试验室）

○ 图 2-7-20　E 区建筑现状

（a）编号 ZB2069 清代建筑整修前

（b）整修后的 E9

（c）编号 ZB2070 清代建筑整修前

（d）整修后的 E11

（e）编号 ZB2082 清代建筑整修前

（f）整修后的 A8

○ 图 2-7-21　文物建筑修复前后对比

（a）整修前的 A2

（b）整修后的 A2

（c）整修前的 E16

（d）整修后的 E16

○ 图 2-7-22　民国建筑修复前后的对比

2.7.5 环境设施营造

南京 1865 创意产业园对原有公共设施的保留是相当充分的。对原有水池喷泉、工业冷却池、小尺度的凉亭、树池、车棚、集体洗手池等都完整保留，这些无疑都渲染出了那个时代工业化的氛围，承载着厚重的工业历史感。这些设施的保留可以充分调动游人的感官。除了公共设施的保留之外，晨光集团还加入了阐述其企业文化和表达历史事件的设计语言，比如在航天产品 68 实验站原址中用了制造于 1962 年的贮液罐，并安置在场地中作为一种历史文化的阐述。与此同时，1988 年晨光集团浇铸成功的香港天坛大佛的同期工艺件也被展示在场地中。图 2-7-23 是园区中的景观小品。

（a）红军文化　　　　　　（b）天坛大佛　　　　　　（c）建厂厂长马德里　　　　　　（d）厂区内指示牌

（e）天坛佛手　　　　　　（f）保留亭子　　　　　　（g）景观亭　　　　　　（h）膛炮　　　　　　（i）贮液罐与火箭模型

○ **图 2-7-23　园区中的景观小品**

2.8

项目名称：武汉汉阳造文化创意园

项目地址：武汉市汉阳区龟山北路 1 号

业主单位：武汉致胜文化创意产业有限公司

设计单位：上海水石建筑规划设计有限公司

改造前用途：航天工业部 824 厂、汉阳特种
汽车厂

改造后用途：文化体验及创意办公

占地面积：40hm²（一期 6hm²）

建筑面积：4.2 万平方米

始建时间：1890 年

改造时间：2009 年

武汉作为"九省通衢"，位于全国地理上的中心位置，而汉阳造文化创意园则正好位于武汉市城区的地理中心，是长江、汉江的交汇处，也是汉口、武昌和汉阳的交界处，内环线就从园区的西侧经过，因而其地理位置非常优越。周边有武汉长江大桥、江汉一桥、晴川桥、月湖桥四座桥梁横跨两江，有琴台路贯通东西，四通八达的道路网与京广线、长江、汉江构成了公路、铁路、水运联动的立体化交通。

园区位于汉阳区龟山北路，其所处的南岸嘴地区东临长江、南面龟山、西联月湖、北靠汉江，有丰富的人文背景和深厚的历史积淀，是武汉历史的缩影。周边的古琴台、龟山电视塔、琴台大剧院等不同历史阶段的建筑，成为项目独特的建筑与人文环境背景。同时，南岸嘴地区是武汉山轴水系的焦点，也是武汉城市自然景观的中心、标志性景观地（图 2-8-1 ～图 2-8-3）。

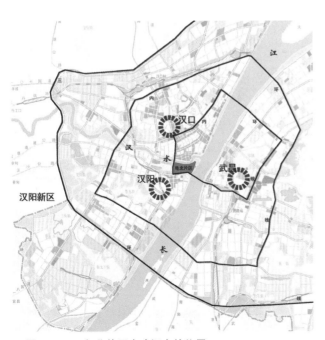

○ 图 2-8-1　龟北片区在武汉市的位置

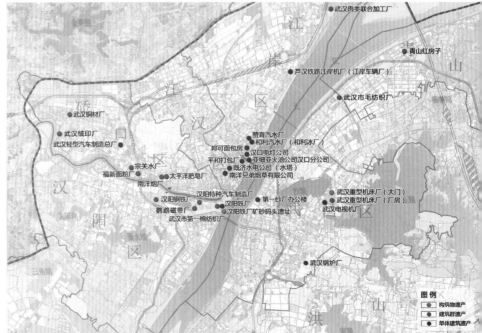

○ 图 2-8-2　武汉市主要工业遗产分布图

2.8.1 场所解读

（1）发展历史。汉阳造文化创意园原址为汉阳铁厂，园区东起汉阳南岸嘴，西到汉阳钢，包括晴川、月湖两个片区，曾是闻名中外的"汉阳造"的发祥地。1890年晚清洋务运动的代表人物湖广总督张之洞创建汉阳铁厂，这是晚清规模最大、设备最先进的军工企业，被西方视为中国觉醒的标志。1891年1月，汉阳铁厂正式开工建设，1894年6月正式建成并开始出铁，是中国近代最早的官办钢铁工业。1895年下属枪厂正式开工，所产步枪称作"汉阳造"，是20世纪上半叶中国最主要的步兵武器，到1944年，共生产步枪108万余支，在中国近代史上具有重要的地位。当年的汉阳铁厂、汉阳兵工厂、汉阳火药厂、汉阳针钉厂、汉阳官砖厂等，分布在汉阳龟山至赫山临江一带，形成壮观的十里汉阳制造工业长廊（图2-8-4、图2-8-5）。

到辛亥革命前，汉阳铁厂共有6座炼钢炉和3座炼铁炉，主要生产生铁、钢和钢轨，年产量依次为8万吨、4万吨、2万吨。抗日初期，除部分冶炼设备内迁至重庆外，不能搬迁的全部被炸毁，汉阳铁厂被夷为平地。

○ 图2-8-3 汉阳造文化创意园现状卫星图片

○ 图2-8-4 汉阳制造工业长廊

（a）沿江景观　　　　　　　　　　（b）全景

○ 图2-8-5 1928年的汉阳兵工厂

1951年，在汉阳铁厂的旧址上建立了武汉国棉一厂。1952年，在原汉阳火药厂旧址上建立了汉阳轧钢厂。20世纪60年代初，在汉阳兵工厂旧址上又分别新建了航天工业部824厂（原鹦鹉磁带厂）和汉阳特种汽车制造厂，1978年在汉阳铁厂旧址上又新建了武汉第二印染厂，至此基本形成了现在龟山北麓整个旧工业片区的建筑格局。

（2）场所特点。汉阳造文化创意园片区的历史虽然悠久，但因为汉阳兵工厂原有的建筑已在抗战期间被炸毁，现有的建筑为原824厂在20世纪60年代建造的厂房及其附属用房，其现有建筑的历史价值和艺术价值都很一般，因而在设计过程中，对历史建筑的改动也相对比较灵活，可以在适度保留其历史痕迹的基础上对其进行改写，赋予原有的建筑以更高的艺术审美情趣。但从另一方面讲，尽管现有的场地中已经很难找到原有的历史记忆，但却可以在后续的再生设计中加强和凸现历史事件赋予场地本身的意义，以此勾起人们对于场地上曾发生过的重要的历史事件的回忆。

（3）建筑特点。汉阳造文化创意园A区（824厂）共有建筑物50栋，建筑面积4.2万平方米，院落式建筑10余栋。初始功能不详的有01、03、05、08、10、11、14、15、16、17、18、22、23、24、25、26、27、28、29、30、32、33、34、35、36、37、40、41、47号楼，共29栋，生产车间为06、07、09、12、13、19、21、20、31、38号楼，共10栋；礼堂为44、45、46号楼，共3栋；食堂为42、43号楼，共2栋；配电房为04号楼，实验测试楼为02号楼，花房为39号楼，服务楼为48号楼，教学楼为49号楼，综合楼为50号楼，各1栋。这些建筑改造后的功能大多为办公、摄影、展览用房，其他还有酒吧、餐饮、销售等用房。图2-8-6为A区建筑编号。

（4）结构特点。厂房结构形式有砖木结构、砖混结构和钢筋混凝土结构三类。开间多为3m、6.6m和9m，较大；进深多为两至三跨；净高为3.6m、3.9m、4.9m和5.6m。其中5号机加工车间是整个园区最大的单体建筑，采用砖混结构形式，共6开间，为10.2m，进深为18m，净高为10.8m（图2-8-7）。

2.8.2 场所改造

（1）自发聚集。20世纪90年代，这里的工厂陆续停产外迁，遗留下大量闲置厂房，面积9000m²，可调整使用厂房2万平方米，这些厂房高大粗糙，极具历史感，能为艺术家提供广阔的改造空间和创作思维空间，非常适

◎ 图2-8-6 汉阳造A区建筑编号

（a）5号机加工车间内部

（b）厂房内部结构

◎ 图2-8-7 建筑内部空间

合文化艺术创意人士聚集。2005年开始，一批美术、雕塑、摄影工作者纷纷自发前来租借车间和厂房，办起画室、动漫设计、文化酒吧、DIY手工、婚纱摄影基地等。如龟北路1号的东方会所（原824工厂花房）、龟北路2号的好莱坞摄影基地（原汉阳特种汽车制造厂厂房），龟北路3号则经常举办室内攀岩、军事俱乐部集会、动漫展、COSPLAY等多种创意活动，是游戏玩家们的乐园。到2008年年末，龟北路已经聚集了一批艺术工作者，包括画家、设计师、音乐人、模特、作家等，从最初的婚纱摄影基地发展到油画创作基地、设计公司、画廊、私人会所和餐厅等，"汉阳造"艺术区初具雏形。图2-8-8为早期自发改造的一些建筑。

（2）规划引导。汉阳造艺术区的自发改造引起了相关政府的关注。为了适应城市规划的需要，体现历史文化名城风貌，传扬武汉市、汉阳区新的城市形象，由政府牵头，上海致盛实业有限公司对园区进行整体开发运营，形成创意产业集聚区。2009年10月17日，汉阳造文化创意园在824厂正式破土动工。采用"政府主导、企业参与、市场运作"的三元化合作模式，利用企业搬迁后废弃的厂房、车间、设备等工业遗址，加以整合改造成一座集文化艺术、创意设计、商务休闲为一体的专业化管理、规范化经营、市场化运作的综合性文化创意园。

（3）发展定位。汉阳造文化创意园的发展定位为文化旅游、创意商务和时尚休闲相结合的主题文化创意园。按照"整旧如旧，差异发展"的规划思路和"先期完成启动区，随租赁进度逐步改造修缮其他区域，实施滚动开发"的原则进行投资建设，吸引文化创意产业企业和个人入驻。优先发展新闻出版、影视传媒、动漫游戏、文化艺术、研发设计、咨询策划、软件开发、文化娱乐等产业项目，形成集聚效应，提供文化创意产品及服务，将此区域打造成为华中地区最具商业文化艺术魅力，经营模式最清晰，影响力最大的前沿文化中心和文化创意产业集聚的高地。

（4）总体规划。图2-8-9为园区总体规划图。园区建设分为一期、二期、三期，总占地面积约40hm²。其中，一期占地面积6hm²，建筑面积4.2万平方米，分A、B两个区域。A区以824厂零散的各类房屋为基础，打

（a）东方会所　　　　　　　　（b）汉阳特种汽车制造厂　　　　　　（c）龟北路3号

○ **图2-8-8　早期自发改造的一些建筑**

造文化创意集聚区（图 2-8-10、图 2-8-11）；B 区为汉阳特种汽车厂区，厂房 8 ~ 14m 的层高为高科技创意产业、大型雕塑、个性服饰等文化实体提供了超出想象的形象塑造空间。二期为龟北路腹地的武汉市第二印染厂、武汉荣泽印染实业有限公司及武汉一棉集团有限公司厂房，占地面积 11.13hm²，建筑面积 10 万平方米。三期占地面积 22.67hm²，包括龟北路沿线闲置的其他工业厂房。

2.8.3 一期改造

（1）改造过程。2009 年 10 月 17 日，按照"整体规划、整旧如旧、连片开发、联动发展"的原则，开始一期 824 厂 4.2 万平方米厂房的改造工作。2010 年，汉阳区投资 5000 万元，对园区内的干道、巷道、强弱电网、房屋结构，以及给排水系统、化粪池、排污体系等进行了整体的改造和健全，并对园区月湖沿岸进行了亮化和美化。2011 年，汉阳区再度投资 3000 万元，进一步强化"建设一流环境、吸引一流企业，创建一流园区"的建设标准，为"汉阳造"的腾飞夯定了坚实的发展基础。

经过一年多的发展，一期已基本

完成。现有 824 创意工厂、东方会馆、好莱坞摄影基地、陈波工作室、龟北路 3 号玩家基地等原创艺术、设计、教育培训、展览展示、影视制作、商务休闲六大类企业共 71 家。2011 年园区实现营业收入约 5 亿元，上缴利税 4000 万元，初步形成了一个集创意设计、文化艺术交流展示、时尚旅游休闲为一体的复合型功能园区。

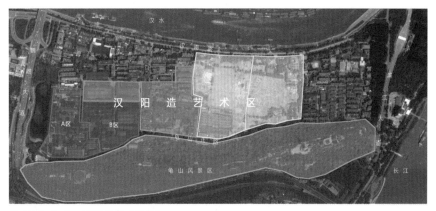

○ **图 2-8-9　园区总体规划图**

（a）现状卫星图片

（b）建筑评价图

○ **图 2-8-10　一期 A 区改造**

（2）园区布局。依据一期特点，确定了"一心、二带、五片区"的总体布局。一心：以龟北路为轴心。二带：滨湖景观带和绿色生态景观带。五片区：① 公共活动景观区；② 主题核心区，包括汉阳会、现代工业博览馆、致盛书局和红坊沙龙；③ 艺术原创商务区，聚集画廊、名家、艺术家工作室；④ 休闲服务区，有物业管理、银行等辅助性企业，餐饮等休闲娱乐设施；⑤ 商务区和综艺功能区，汇集创意文化及其他企业办公需要，并包含综艺酒店，增加园区文化休闲方式的多样化。除主题核心区为新建外，其余园区内建筑皆在保留建筑基础上修复完成。图2-8-12为一期A区功能分区图。

（3）改造策略。原有厂房的坡屋顶和平屋顶得以保留，原有立面仅做"外科手术"，量身定做的墙体涂鸦、钢框架、钢丝网的立面装饰使得建筑充满艺术气氛；在建筑内部"大修内功"，依据建筑的功能定位进行改造，添加隔层、改造楼梯、竖立屏风等以适应新的功能（图2-8-13）。

（4）业态分布。园区初步规划引入四大类二十种产业主体，并按照主导企业和辅助企业控制入驻比例。这些企业主要类型包括：一是原创设计类企业，包括工业设计、软件开发、动漫设计、艺术家工作室、摄影基地等（图2-8-14）；二是加工制作类企业，包括雕塑作品制作、广告装饰制作等；三是展示拍卖类企业，含画廊、秀台、艺术作品陈列室、时尚高端产品展示中心、拍卖中心、古玩陈列展示厅等（图2-8-15）；四是娱乐服务类企业，包括玩家娱乐基地、体育舞蹈活动室、小型音乐剧场、演艺培训、私密会所、特色餐饮、酒吧等（图2-8-16）。

（5）景观空间。设计场地内大多数原有的绿植都予以保留，在经过重新梳理和设计后为场所带来更多的休憩空间和活力。处于地块不同位置的景观带依据使用者对公共空间的需求而进行了不同程度的调整和设计，体现为集中式活动广场、花园式景观、林荫步道和亲水空间。公共景观区的水景、铺地和主题雕塑的造型都紧扣汉阳创意园主题，与地块的文化与历史底蕴紧密融合。图2-8-17为原生态的绿化环境，图2-8-18和图2-8-19分别为园区中的景观小品和雕塑小品。

○ 图2-8-11 一期A区模型

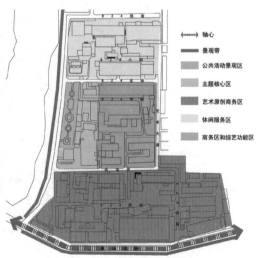

○ 图2-8-12 一期A区功能分区图

图例：
⟵⟶ 轴心
景观带
公共活动景观区
主题核心区
艺术原创商务区
休闲服务区
商务区和综艺功能区

（a）添加钢丝网丰富立面

（b）添加钢隔栅增加层次

（c）墙体涂料形成粗狂效果

（d）添加楼梯形成平台

（e）墙体涂鸦增添艺术气息

（f）增加片墙营造小环境

○ 图 2-8-13　建筑改造手法

（a）艺术家工作室

（b）摄影基地

（c）工业设计

（d）广告制作公司

（e）传媒公司

（f）电子加工基地

○ 图 2-8-14　原创设计类企业

（a）葡萄酒展示中心

（b）婚庆展示馆

（c）艺术品陈列室

○ **图 2-8-15 展示拍卖类企业**

（a）酒吧

（b）私密会所

（c）特色餐饮

○ **图 2-8-16 娱乐服务类企业**

（a）保留树木

（b）林荫步道

（c）乔灌木相结合

（d）大树掩映

（e）树与涂鸦

○ **图 2-8-17 原生态的绿化环境**

2.8.4 建筑设计——汉阳会

2011年，通过查阅和参考历史上汉阳铁厂、汉阳兵工厂相关建筑资料，复建融展览、接待和活动等功能于一体的"汉阳造"地标性建筑——汉阳会。

（1）历史与现实的碰撞。根据建筑使用上的安全需求和老化程度确定拆除、改造和保留的范围，尽可能保留下可以反映各个历史时期的建筑和场地中的植被，然后根据这些条件来确定一个可建造的范围，从而有条不紊地推进近期设计的完成。通过对场地内不同时期建筑物的梳理，将历史建筑与现代建筑同时呈现，不同文化的碰撞产生出的火花有助于点亮汉阳这个古老区域的创意和文化产业，从而进一步激发了这里的城市生活。

（2）历史与现实的再现。整个园区最重要的建筑是汉阳会，它是引发这片区域城市生活和历史记忆的触媒。汉阳会的建筑风格是通过对原址汉阳铁厂1906年的历史照片以及对同时期其他保留建筑的走访测绘确定的，为

（a）小广场景观

（b）庭院式景观

（c）水景

（d）墙体涂鸦

◎ **图 2-8-18 园区中的景观小品**

（a）具象雕塑

（b）创意景观

（c）情景雕塑

◎ **图 2-8-19 园区中的雕塑小品**

拆除建筑
保留建筑
新建建筑

○ 图 2-8-20　汉阳会在园区中的位置

○ 图 2-8-21　汉阳铁厂照片中的汉阳会

○ 图 2-8-22　复原后的汉阳会

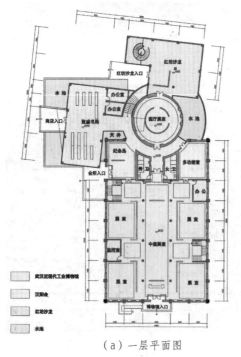

武汉近现代工业博物馆
汉阳会
红坊沙龙
水池

（a）一层平面图

武汉近现代工业博物馆
汉阳会
红坊沙龙

（b）二层平面图

○ 图 2-8-23　汉阳会平面图

晚清年间受西洋影响的砖木建筑形态。建筑的立面材质和室内设计包括环境设计力求还原并再现这座近代工业遗产的本来面貌以及街区的历史感。原有厂区建筑面貌形成年代跨度较大，周边现存的建于 20 世纪 40 ～ 80 年代的工业建筑遗存共同形成了这个区域的风貌。汉阳会所还原的风格代表了一个历史阶段，并据此成为整个地块的焦点，唤起周边居民和游客的场所记忆。汉阳会在园区中的位置见图 2-8-20。

（3）空间的梳理

① 根据历史照片还原的汉阳会是典型的老工业厂房格局，平面为轴线明显的长方形，由此建筑的空间序列就沿着这条轴线展开（图 2-8-21 ～ 图 2-8-23）。轴线尽端是一个圆厅，根据照片还原的汉阳会作为武汉近现代工业博物馆，而符合现代消费功能需求的汉阳会、红坊沙龙和致盛书局则以现代建筑形式出现，通过圆厅完成了新老空间的交替与建筑功能的过渡，同时公共参观流线和会所流线在圆厅交接。圆厅串接起古典建筑到现代建

筑的变迁，串联起过去与现代、时间和空间的历程（图2-8-24）。

　　② 汉阳会的空间设计新老分明，复原的老厂房与现代建筑之间界限明确，毫不拖泥带水。复原建筑的设计参照历史照片，结合那个时期建筑的空间及立面特点，对墙柱的分隔方式和窗洞比例都进行了仔细的推敲。内部则采用现代的钢筋混凝土框架体系和钢结构屋架体系。

现代建筑部分的几何形体和立面装饰十分简洁，且在体量上服从于复原的厂房，放低姿态以避免喧宾夺主（图2-8-25）。

　　（4）立面处理。立面的处理采取了与建筑形体相同的设计原则。复原的老厂房部分的立面分割和窗洞比例参照历史建筑，并使用了大量青砖；现代建筑部分则采用大面积的开窗和转角连续的装饰面板，凸出及凹入处理活跃了立面空间，所采用的耐候钢板、清水混凝土和玻璃幕墙等材料极具现代质感。建筑形体和立面材质的处理共同形成了汉阳会的建筑特点，并且清晰地展现了建筑师的设计思路——用圆厅展室过渡，将最终呈现的建筑划为两个规模和风格具有差异的体量，用对比和混合来回应周边复杂的环境。图2-8-26为汉阳会外立面。

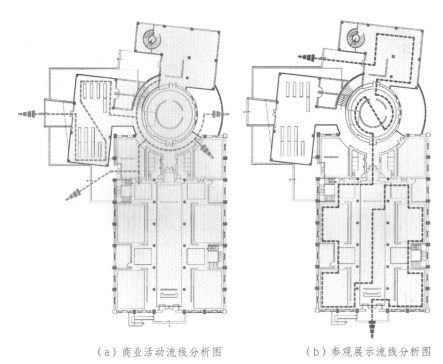

（a）商业活动流线分析图　　　　（b）参观展示流线分析图

○ 图2-8-24　汉阳会流线分析图

（a）一层空间

（b）二层空间

○ 图2-8-25　汉阳会内部空间

○ 图2-8-26　汉阳会外立面

113

2.9

项目名称：成都东郊记忆（东区音乐公园）

项目地址：成都成华区建设南路 4 号

业主单位：成都传媒集团

设计单位：成都家琨建筑设计事务所

改造前用途：成都红光电子管厂

改造后用途：音乐主题文化创意产业

占地面积：22.6hm²

建筑面积：18.9 万平方米

始建时间：1958 年

改造时间：2009 年

成都东区音乐公园地处成华区建设南支路四号，位于二环路以东，建设路以南，沙板桥路以北，崔家店北一路以西，原成都红光电子管厂生产区内，是成都唯一一处城市工业用地更新和工业遗产保护项目。项目占地 380 亩（一期改建 218 亩），在 18.9 万平方米的旧工业厂房原址改建，是成都东郊工业区东调后唯一完整保留的老工业厂区，2012 年因发展定位的转变而改名为"东郊记忆"（图 2-9-1、图 2-9-2）。

2.9.1 场所解读

东郊记忆曾是成都红光电子管厂的厂区，该厂作为军工单位是我国"一五"计划期间接受苏联援建的 156 项重点工程之一，代号 773

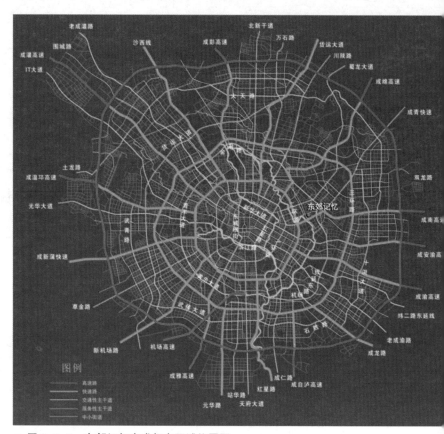

○ 图 2-9-1 东郊记忆在成都市区域位置图

工厂，1958 年开始建设，1960 年投产。该厂曾是我国第一个综合性电子束管生产器件基地，主要以生产显像管、玻壳和电子枪为主，这里曾诞生我国第一支黑白显像管和第一支投影显像管，也是我国第一家完成装配独立配套生产的企业，为我国的电视机事业的发展奠定了基础。

红光电子管厂一直到 20 世纪 90 年代初仍在扩建，最终形成了总占地约 22.6hm²（380 亩）的大型工厂。该厂在 1997 年上市之后却陷入了严重的经营窘境，连年亏损。之后该厂被多次重组，最终原厂 6000 多名职工待岗，红光电子管厂昔日荣光已全然消逝。由于该厂生产玻璃显示屏、显像管等产品，对环境污染较大，

2001年成都市政府要求该厂停产，并规划该地块为二类
住宅用地。

2009年，成都市确定利用东郊老工业区中的原成都
红光电子管厂旧址，将部分工业特色鲜明的厂区作为工
业文明遗址予以保留，并与文化创意产业结合，打造音
乐产业基地。同年，成都传媒集团与中国移动四川公司
签订了合作协议，明确"中国移动无线音乐基地"入驻，
由此确立了成都东区音乐公园以音乐产业为核心发展动
力，数字音乐企业聚集、明星资源聚集与开发、商业服
务配套联动、数字音乐内容生产销售和新媒体产业开发，
进而持续推动数字音乐发展的循环发展模式。

2.9.2　场所改造

项目总体规划由成都家琨建筑设计事务所进行整体
把控，在此基础上将园区内的建筑单体分别交由国内著名
建筑师进行设计。总体改造和单体设计从2009年的18号
楼改造开始，由全局到局部，设计所做的工作就是认同历
史，并将其保护下来。2011年9月29日成都东区音乐公
园盛大开园，是国内首个集生产、体验、消费和结算等音
乐全产业链于一体的以音乐为主题的文化创意产业园。图
2-9-3、图2-9-4分别是2008年和2013年该地区的卫星
图片。

（1）发展定位。从2009年开始，成都市就将文化
产业作为全市的战略性新兴产业来抓，并制定出台了《成
都市文化创意产业发展规划（2009—2012）》，确定了全
力建设文化创意鼎盛之城的发展目标和"成都东部新城
文化创意产业综合功能区"等多个市级文化创意产业重
点发展区域。在此文化产业大发展大繁荣的大背景下，

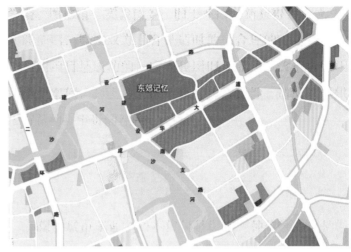

○ 图2-9-2　东郊记忆在成华区控规中的位置

○ 图2-9-3　2008年的红光电子管厂厂区卫星图片

○ 图2-9-4　2013年的东郊记忆卫星图片

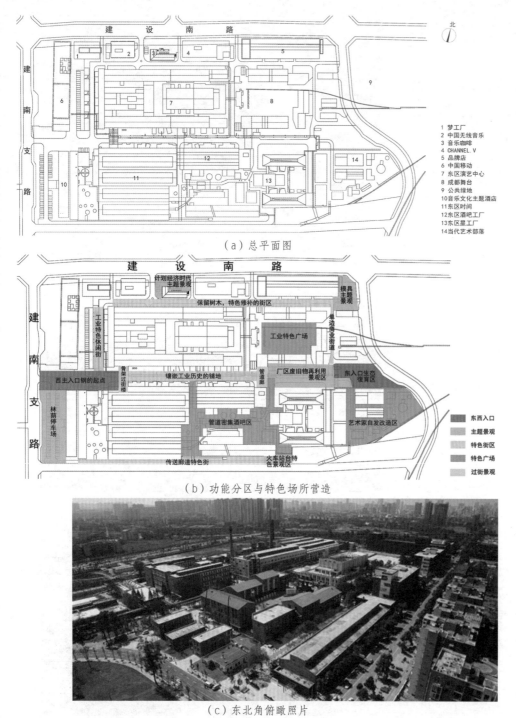

（a）总平面图

1 梦工厂
2 中国无线音乐
3 音乐咖啡
4 CHANNEL. V
5 品牌店
6 中国移动
7 东区演艺中心
8 成都舞台
9 公共绿地
10 音乐文化主题酒店
11 东区时间
12 东区酒吧工厂
13 东区星工厂
14 当代艺术部落

（b）功能分区与特色场所营造

东西入口
主题景观
特色街区
特色广场
过街景观

（c）东北角俯瞰照片

○ **图 2-9-5　总体规划设计**

成都市政府委托成都传媒集团投资超过 50 亿元，按照生态、文态、业态和形态"四态合一"的发展策略，利用成都东郊老工业区中的原成都红光电子管厂生产区改建而成的创意文化体验园、音乐新媒体发展基地和数字音乐产业集聚区，是体验型文化创意园区的典型代表。通过与中国移动无线音乐基地、APTLAVIE 音乐生活馆等数字音乐产业核心企业合作，共同构建了完善的数字音乐产业链，使其成为一个不可拷贝的文化创意园区，开创了全新的文化创意旅游开发运营模式（图 2-9-5）。

（2）改造过程。成都东区音乐公园的项目建设分为两期，一期占地 218 亩，主要对原成都红光电子管厂生产区内的工业建筑进行改建，形成了具有工业文明风格的文化创意产业基础设施；二期占地 162.83 亩（含开发用地 51 亩、公建设施用地 43 亩，代征地 68.83 亩），用于开发住宅项目，规划总投资 50 亿元。

成都东区音乐公园的建设始于 2009 年 5 月，一期项目建设耗资 35 亿元于 2011 年 9 月基本完成，同年 10 月 1 日开园，现已迎来超过百万的游客，获得"亚洲音乐产业杰出创意奖"、"中国首批重点示范商业（服务）聚集区"等奖项。

（3）建筑特点

① 建筑历史时间短，易于操作，距今不过几十年，大部分建筑保存完好，且房屋的安全质量高，建筑结构完整，便于改造。

② 建筑形式具有自身特点，可识别性高，旧工业建筑结构和形式保留有如废旧的铁皮、钢架结构等很多的工业痕迹，在对其进行保留和改建后，能够形成很强烈的场所感及可识别性的建筑群体。

③ 旧工业建筑的改造空间大，易于创新，大跨度的钢架梁柱、中性化的使用结构、宽大的楼层空间，都为空间的重塑提供了巨大的开发潜能，对一些创新形式的元素产生提供了很好的条件，且建筑的取材和工艺与现代技术水平相差不大，在改建时也有利于拆移、清理和创造性地发挥。

各种类型的建筑和设施见图 2-9-6 ～ 图 2-9-10。

2.9.3　园区布局

（1）改造设计原则。从 20 世纪 50 年代到 90 年代初的各类厂房中，红光电子管厂内的厂房包括有沉淀了情

（a）2012 年前的东区音乐公园　　　（b）2012 年后的东郊记忆

○ 图 2-9-6　入口空间

○ 图 2-9-7　2011 年音乐公园开园

○ 图 2-9-8　建筑类型比较丰富

○ 图 2-9-9　构筑物极具识别性

○ 图 2-9-10　工业管道、设施被刷上丰富的颜色

感记忆的红砖厂房、讲究效率的多层厂房，以及极具工业符号感的架空管廊、烟囱和水塔等多种建筑及构筑物。厂区内高大的桉树和梧桐树以及香樟树枝繁叶茂，与厂房共同构成了其特有的工业文明景象。

红光旧厂址有极大的可利用性，加之成都东郊的存在本身就是对一段历史的记录，人群基础性强，因此红光旧厂址的改造着重于保护层面，以修复为主，尽量复原，同时对其周边环境进行改善。在保护规划设计中，提出了"保留、融合、对比、细节"的原则，把建筑分为 A、B、C 三类。

① A 类。A 类建筑是有特定历史感，外观有保留价值的建筑，其改造方法分为 3 种。a. 在保证功能使用前提下，尽量少改动外观、配合抗震加固、稍加调整或复原即可。b. 新旧融合，指在旧建筑为主的建筑中，新建建筑应从形态、材质肌理上与旧建筑融合。c. 新旧对比，指在不影响保留建筑整体形象的前提下，适当加时尚元素。

18 号楼的改扩建属于第二类模式。18 号楼原为 1991 年建成的彩色电视生产车间，为四层（局部六层）框架结构，建筑高度 23m，总建筑面积 16000m²，改扩建后作为各无线音乐媒体在成都的主机机房、录音棚、直播间和后期音乐制作等用途（图 2-9-11）。

改扩建方案采用"完全更新"的手法，将外观改成具有历史感和工业特征的"老工业建筑"，细部设计结合老厂房特质，改造后效果与原厂老建筑整体氛围协调融合，但不失细部处理。扩建的部分为五层框架结构，共 5000m²，立面的设计延续了 18 号楼立面改造的建筑语言，如红砖，竖向窗等，外观的处理与改造后的 18 号楼的风格、肌理相协调融合。

② B 类。B 类建筑是外观没有保留价值的可采用新旧融合的方式，将外观改成具有历史感和工业特征的"老工业建筑"。也可采用新旧对比的方式。

21 号楼原是一栋四层框架结构的普通厂房，建筑高约 24m，总面积约 7800m²，由于外观保留价值不大，在改造时采用加强建筑的工业特性的方法。改造设计中，采用"减法"的模式置入中庭，用"加法"的模式置入由钢材和玻璃材质的"潜望镜"，使建筑在整个形体上发生了很大的变化。窗户的改造在基本保留原有窗洞的尺

寸与韵律的前提，用新材料、新工艺使窗户成为立面新的亮点（图 2-9-12）。

③ C 类。C 类建筑指新建建筑，对其采用新旧融合的方式，从风格、肌理上进行协调处理。

此外，在建筑空间和室内方面希望尽量减少改动，灵活布置，保留有价值的细节，同时，根据规划对园区内外的道路，车行人行出入口，地下车库布置，公共汽车、出租车站等进行专题论证。规划最终通过时，除简易大棚和部分有安全危险的建筑外，绝大部分厂房保留了下来。

同时，在空间设计中突出外部空间的序列变化与重组。改造工业建筑底部，使得原有工业建筑空间串联起来，形成缩放有致、韵律完整的有机空间序列，大大提升了建筑外部空间组合的趣味性。改造工业建筑原有的

○ 图 2-9-11　18 号楼改造

○ 图 2-9-12　21 号楼改造

较大尺度的外部空间，增设雕塑、坐椅及花池等建筑小品，营造了外部建筑空间，有效提升了建筑外部空间的活力。规划交通流线的重新组织，地下两层停车场等设施的配置，实现了人车分流，且依托步行交通系统，使各建筑更易于到达。

（2）业态布局。在业态方面，根据数字音乐产业园区和音乐互动体验园区两大定位，成都东区音乐公园规划了七大业态，分别是商务办公、演艺与展览、音乐培训、音乐主题零售、酒吧娱乐、设计酒店和文化餐饮。按照产业发展和商业消费互动的运营理念，园区以商务办公、演艺和展览、音乐培训为产业发展支撑，辅以文化餐饮、设计酒店、高端会所等商业配套，在音乐产业的核心动力下，打造集商务、休闲、娱乐为一体的新形态商业街区，以满足办公、演艺、旅游等各类人群的消费需求（图2-9-13）。

园区的三大重点建设目标如下。

① 音乐消费商业街区。目前已入驻的企业可以实现消费者在园区内体验各种流行音乐和音乐衍生品的愿望，包括现场音乐会、明星签售会、珍藏版黑胶唱片、发烧音乐器材、顶级视听间、明星衍生品售卖、先锋小剧场和音乐酒吧等（图2-9-14）。

② 数字音乐企业集聚园。以中国移动无线音乐基地的物理平台为依托，成为国内最大的数字音乐企业集聚园，形成上下游企业的互动式发展。目前，中国移动核心业务板块中的无线音乐平台已在市场上形成优势销售渠道，占据全国无线音乐市场份额的80%。中国无线音乐基地进驻园区将带动上百家数字音乐的CP/SP商（内

（a）酒店　　　　　（b）酒吧　　　　　（c）餐饮

○ **图2-9-13　丰富的业态布局**

○ **图2-9-14　业态始终突出音乐的主题**

容服务商/增值服务商）入驻。

③ 音乐人才培养基地。以星工厂培训基地为物理平台，广泛通过选秀活动、互动式 KTV 周明星选拔、川音训练基地和小型酒吧商演活动，发掘优秀艺人，并通过园区自有演出平台对艺人进行推介，使东区成为以音乐为梦想的年轻人"实现梦想的地方"，为成都的音乐人才提供更为广阔的发展空间。

在业态设置上，规划了容纳 2000 人左右的室内"演艺中心"，以及用建筑围合的容纳 4000 余人的室外演出空间"成都舞台"（图 2-9-15）。其他包括与"无线音乐基地"相关的产业业态，和与音乐有关的商业业态，如餐饮、酒吧、演出剧场、琴行、创意商店等。2011 年的成都双年展便成功在此举行。

表 2-9-1 为音乐公园以音乐产业和音乐消费互动的产业发展模式的业态组合。

（3）景观设计。音乐公园的景观设计重点表现在三个方面：重视保留工业历史氛围；注重资源的再生利用；营造不同区域的特色节点景观。在设计方法上，以计划经济时代美学为主导思想，用当代美学

（a）由东向西望成都舞台全景

（b）有演出需要的临时性设施

○ **图 2-9-15 室外演出场所——成都舞台**

表 2-9-1 音乐公园以音乐产业和音乐消费互动的产业发展模式的业态组合

品类	面积 /m²	占总面积百分比 /%	商家数量	占总商家百分比 /%	备注
音乐	21296	39.2	11	23.9	包含音乐的演艺、展馆、培训、乐器修复等多方面
艺术	3542	6.5	5	10.9	画廊、影视拍摄等
酒吧	3770	6.9	6	13.0	主题包涵电子音、爵士等
餐饮	7958	14.7	9	19.6	以川菜与火锅类为主
休闲娱乐	722	1.3	2	4.3	主要是两家 SPA 店
零售	4094	7.5	10	21.7	主要表现为音响商家
配套	12922	23.8	3	6.5	有银行、便利店、酒店组成
总计	54304	100	40	100	

思维去实施，营造有工业历史感和当代时尚感的景观氛围；在材料运用上，大量选用与计划经济时代相似的建筑材料，如红砖、预制板、枕木、水泥管拆除后的建筑构件的断面等，并将原厂保留下的工业部件作为景观元素进行设计（图2-9-16）。

① 保留工业历史氛围与构筑物利用。利用原有架空管廊敷设水、电等新设管道，并成为园区导向元素；利用原水塔成为高位消防水箱；利用提升塔成为酒吧区的特色空间；利用烟囱成为园区标志性照明。图2-9-17是架空管廊的再利用。

架空管廊是几乎贯穿全区的主题构筑物，长度约400m。其上保留了部分管道，又新增了水、电等管道，经济实用；在管廊上同时布置有路灯、广播、监控以及LED彩灯带等。路灯是工矿灯，广播是传统大喇叭。

② 废弃资源与工业部件的再生利用。利用玻屏做音效的灯光装置成为园区符号之一；利用玻屏等模具做雕

○ 图2-9-16 工业生产机器与部件的再利用

○ 图2-9-17 架空管廊的再利用

塑墙，与玻屏墙形成关联关系，以表达该厂的生产状态和历史特色。将桁车、钢大门、钢传送带、钢烟囱、钢轨、枕木、钢罐等做成景观要素（图2-9-18）。

③注重营造不同区域的特色景观。西大门北侧18号楼的立面上，利用玻屏做的音控LED灯光装置，不论在白天或是夜晚，都随着音乐的变化而发生变化，表现出音乐园的时尚感；西大门以钢棚车钢罐体、钢模具为主题。

东大门原生树木较繁密，适合坐下来休息，其主题定为生态复育区，在改造时着重培育树林和加入水景，使之成为园区的生态入口（图2-9-19）。

北向入口因有一红砖小楼，将其设定为计划经济时代主题景观区，保留具有计划经济时代特征的阶梯、花台等景观元素。景观处理上沿用具有那个年代美学特征的材料以强化历史氛围。

酒吧区内管道密集，氛围前卫，光照明亮的高耸烟囱成为全园区的地标符号。此外，还有模

（a）利用废弃钢罐成为标识

（b）充满工业感的小喷泉

（c）利用钢罐形成落水

（d）利用罐车作为花池

○ 图2-9-18　废弃资源的再利用

（a）21号楼

（b）22号楼

○ 图2-9-19　东大门生态复育区

具玻屏主题景观区、火车站台特色景观区（图2-9-20）、枕木主题景观区等。

在植物配置上，园区内保留树种的疏密节奏已营造出不同路段的景观氛围，设计只需去强化树种或适量补充符合工业景观氛围的其他树种即可。

（4）环境设施。雕塑、小品、绿化、喷泉等环境设施的设计方面着重体现以下元素。

① 突出工业厂区文化元素。对原有红光厂厂房，整旧如旧，对旧机体进行复原，充分尊重保留原有建筑肌理及红墙烟囱，提升旧区改造特色性；充分利用旧钢炉、钢管等工业标志性物件创造新的节点小品，增强公园改造的艺术性；充分利用壁画、海报宣传口号等立面处理手段，引起工业厂区改造的共鸣。图2-9-22为充满时代感的壁画。

○ 图 2-9-20　火车站台特色景观区

○ 图 2-9-21　良好的绿化环境

○ 图 2-9-22　充满时代感的壁画

② 突出音乐文化元素。在成都东区音乐公园的大门处，伫立着一个造型独特的雕塑，中国传统的乐器琵琶，与代表工业符号的齿轮完美结合，以圆之浑然为形，以线之伸展造势，将现代工业机械铜金属和传统民族乐器进行相融契合（图2-9-23、图2-9-24）。

○ 图 2-9-23　音乐主题雕塑

○ 图 2-9-24　提示场所感的金属雕塑

2.10

项目名称：深圳华侨城创意文化园（OCT-LOFT）

项目地址：深圳华侨城原东部工业区内

业主单位：深圳华侨城房地产有限公司

设计单位：都市实践建筑事务所

改造前用途：沙河实业工业园区

改造后用途：创意产业园

占地面积：15.1hm²，其中：一期（南区）55465m²；
二期（北区）95571m²

建筑面积：约20万平方米

始建时间：20世纪80年代

改造时间：南区2004～2007年；北区2007～2011年

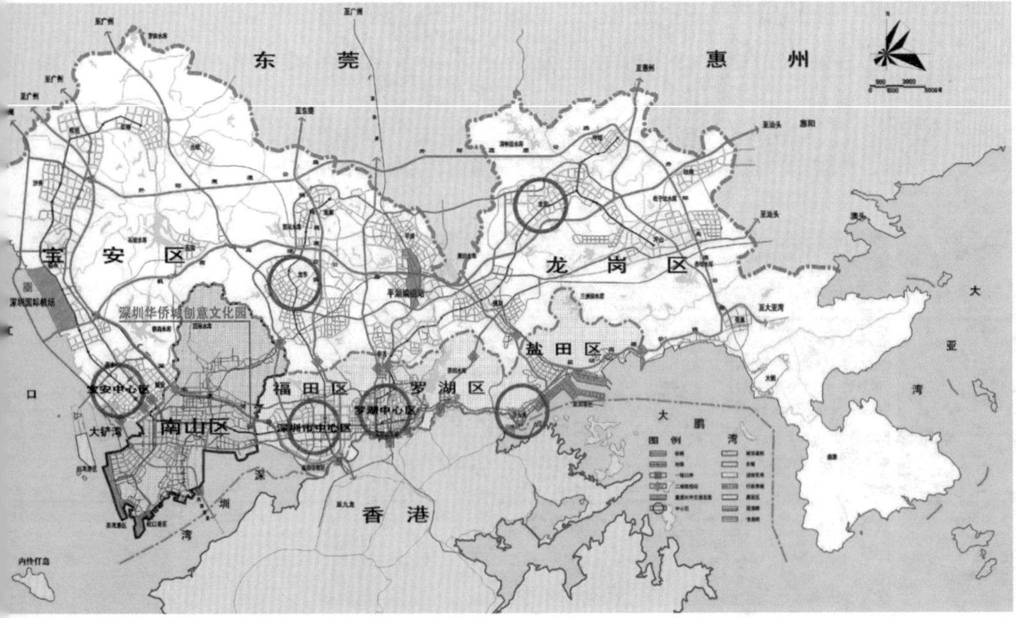

○ **图2-10-1 项目在深圳市域的区位示意**

深圳华侨城创意文化园位于深圳市南山区深南大道北侧，康佳电子集团北部，原为沙河实业工业园区，是深圳发展最为成熟的创意产业园之一，全国首批"国家级文化产业示范园区"。园区总占地面积15.1hm²，原为20世纪80年代兴建的劳动密集型加工业的厂房，作为深圳经济特区工业建筑的代表，记录了深圳从工业化到后工业化的过程，从劳动密集型产业到资本密集型产业转型的历史。图2-10-1为项目在深圳市域的区位示意。

项目位于南山区华侨城片区东北部，毗邻世界之窗、欢乐谷等旅游区以及华侨城住宅区，旅游景点的人流、居住区的居民等都为园区活力的提升构筑了坚实的基础（图2-10-2）。四周以住宅区为主，毗邻康佳集团和其他工业区，人口较为密集，周边具备良好基础服务设施，例如餐饮设施、地铁站和公交站等。

2.10.1 背景解读

改革开放30多年来，我国经济和社会快速发展，原先从海外引入的分布在沿海地区的一些劳动密集型加工业，随着城市地价的不断上升和劳动力成本的显著提高，开始向内地转移，沿海发达地区开始了新一轮的工业规划和布局的调整。深圳这个最早的改革开放试验区也不例外，原先的加工业、制造业由于生产成本的上升，开始向其他地区转移。尤其是进入新世纪以来，面对创意经济时代的发展需求以及城市产业在转移升级后不断涌现的都市产业空心化日趋严重、工业厂房空置率上升、城市产业功能衰退等问题，利用旧工业区发展创意产业园区成为许多国家和地区创新产业门类，调整产业结构，激发城市活力，提升城市形象的有效途径之一。

作为改革开放的先锋城市及快速城市化地区，深圳较国内其他城市更早的面对城市发展空间不足，存量空间改造压力巨大问题。自 2003 年起，深圳市政府开始意识到创意产业及其产业园区在城市产业转型、促进城市面貌转变方面的巨大推动作用，提出了"文化立市"的发展战略。深圳通过创意产业的发展推动旧工业区的改造与复兴，既解决了创意产业发展用地不足的困境，又提升了城市空间的品质，探索出一条有别于传统大拆大建的旧工业区利用新模式。

面对产业转移之后遗留下来的工业建筑遗产，深圳市政府的改造原则是：厉行节约、市场运作、弹性改造、分类改造、功能保留。并将旧工业遗产改造划分为三种不同类型：功能置换型、工贸混合型和升级改造型。功能置换型就是通过规划调整以及有关管理措施，将工业用地置换为居住、商业、文卫、绿地、配套基础设施等其他城市功能。华侨城创意文化园项目就是将原沙河实业工业园区进行功能置换，将部分工业建筑逐步置换成创意文化功能。

2.10.2　场所解读

该工业区是 20 世纪 80 年代早期华侨城的第一批建筑，也是深圳经济特区最早的工业建筑之一，以加工、制造业的迅速崛起而引领中国改革开放大潮，记录了深圳成长的历史和文化印记。园区总占地 15.1hm^2，香山东街将场地分为南北两处，北区面积 95571m^2，南区面积 55465m^2，北区总体情况好于南区。厂房并无较多鲜明特色、大型标志性构筑物等，但是，这片厂房的价值恰恰在于它无与比拟的普遍性。项目周边环境现状见图 2-10-3。

○ 图 2-10-2　项目在南山区华侨城片区中的位置

○ 图 2-10-3　项目周边环境现状

随着城市的扩张，工业区的区位条件发生了较大的变化，原本位于中心区边缘的工业区逐步融入城市核心区的范围内，工业的功能定位与城市发展的需求有了明显的出入。且随着产业的逐步地调整与外迁，厂房利用率下降，甚至出现空置。2004 年起，在华侨城集团领导下，华侨城地产以 LOFT 为启动项目，促进深圳华侨城东部工业区厂房建筑向以创意产业为主体的新空间形式转换。从其发展历程可以看到，该园区利用优越区位条件，采用"企业主导、政府参与、自下而上"模式打造出来的成功案例。图 2-10-4 和图 2-10-5 分别为华侨城创意文化园总平面图和总体轴测图。

2.10.3 场所改造

（1）发展定位。华侨城创意文化园利用其优越的区位和人居环境，通过对工业区部分工业建筑进行功能置换，加以设计和改造，力图营造一个呈现出鲜明后工业时代特色的新型工作、生活空间，为从事文化事业人士，以及各行业的设计师、先锋艺术家提供一个创意工作场所，并吸引深圳文化创造与设计企业的进驻，使该区域逐步发展成为拥有艺术展示、传播媒体、艺术家工作室、设计公司以及家居、时装、餐饮酒吧、旅舍的混合社区。

（2）改造过程。2004 年，华侨城集团启动一期改造项目，2007 年改造完成，正式投入使用。改造后进驻创意机构 20 多家，包括画廊、平面设计、室内设计、建筑设计、服装设计、传媒企业、广告公司等，成为融合"创意、设计、艺术"的中国创意产业基地。2007 年二期改造项目启动，2011 年 5 月实现整体改造完成，成为深圳市唯一的完全开放型、以消费为主，供市民生活、体验、

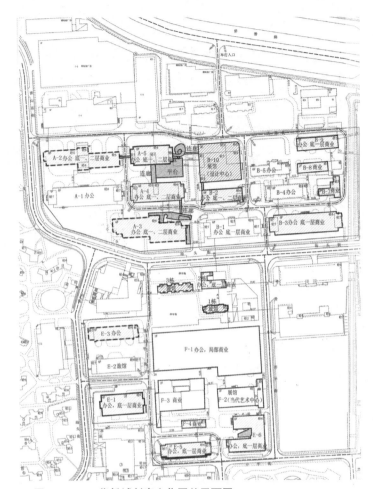

○ 图 2-10-4　华侨城创意文化园总平面图

○ 图 2-10-5　华侨城创意文化园总体轴测图

休闲、消费的创意产业园。

（3）改造模式。一期的改造规划采用了置换与填充的思路，从在现有厂房中加入新艺术中心开始，整理厂区内可利用的结构，一步步添加和改造，融入以创意产业为主体的当代内容，使厂房被画廊、书店、咖啡厅、酒吧、工作室和设计商店渐渐填满。这些内容延伸、包裹、渗入到现有的肌理，创造了一系列相互贯通的公共空间和设施。通过这种拒绝一次性设计和开发的模式，让时间积淀出社区的厚度和底蕴。

创意文化园二期升级了一期的现有改造模式，在整体上控制宏观形象，进行业态组合规划，合理分区、控制比例，以设计学院作为园区可持续发展的原动力，将公共功能进行混合和叠加，利用连廊系统将学院的部分公共教室分布在各个楼中，将其设计成真正的创意交流场所，使得园区内部的交流行之有效和充满机会。这个改造实现了创意文化园的根本目标：将各方知识精英结合起来，鼓励跨领域、跨行业的对话和思想碰撞，开拓各种创意发生的可能性，使艺术社区成为凝聚艺术和设计创造力的基地。

（4）改造策略。华侨城创意文化园的改造策略是从创意文化的角度来实现工业厂房的可持续发展。具体表现在以下几个方面。

① 保留这些厂房的历史痕迹。华侨城集团在深圳发展的30年，基本上与深圳经济特区发展同步，虽然历史短暂，但是在深圳这张近乎是从白纸开始的地方，也是一段宝贵的历史，因此，这些旧建筑本身就是一种文化，作为文化传承载体的厂房，不能改得面目全非而失去了这种历史的价值。

② 为深圳创意产业发展搭建一个支持的平台。创意产业是深圳市根据自身发展条件做出的新的战略定位，是深圳迎接产业结构调整的必然选择，也是提高城市竞争力、实现城市可持续发展的必由之路。创意产业虽然是以发挥个人创造力为主要特征，但与高新技术一样也需要创造条件来"孵化"和发展。

③ 动态生长的规划理念。作为对城市片区的功能置换，没有制订既定的规划形态来实施，而是先制订开发更新的规划和粗略的概念方案，适当拉长开发周期，以一个切入点开始，逐步向周围扩散，最终将整个基地串联起来。规划不界定一个固有的形态，而是确立一个动态发展、互动生长的模式，其在整体架构中会根据时间的变化、外部环境的变化、发展的状态和不断出现的使用要求而进行自我调整。

（5）建筑情况。园区内建筑基础较好，使用年限长，是改革开放以来建设的多层建筑。园区内的建筑结构大部分为砖混结构，厂房为排架结构，厂房内楼梯间为框剪结构，建筑具有保留的价值和更新再利用的价值，原有结构状况良好，建筑物地基和基础无严重静载缺陷，若只是利用建筑做简单的功能置换，不对空间进行重构的情况下，原有结构可满足要求；若需要对空间进行重构，如垂直分隔，加建楼层或屋中屋等，需要采用新建结构与原有结构脱开的方式。建筑改造前的照片见图2-10-6。

2.10.4 环境再造与空间再利用

（1）一期。园区内原有建筑布局松散，缺少逻辑性及联系。改造过程中通过添加连廊将E5、F4及F3形成一个整体，E6、F2形成一个整体。以道路为中心，餐饮空间规划在西侧，办公空间在东侧，居住空间则安排在南北区交接处。由于场地条件有限，南区公共活动休息空间没有一个明显的、大的范围，而是根据各建筑的功能，在建筑周围拓展一定的小空间供人们使用。人行道路自南区入口，穿过F1，直达北侧入口。在与F1相交接的部分，形成一个类似屋中屋的场景，带给人们一场美的盛宴（图2-10-7）。

（2）二期。北区原有规划基本满足现有使用，建筑以办公和展示功能为主。步行空间集中于中间区域，与

○ 图2-10-6　建筑改造前照片

（a）E5外观　　　　　　（b）F4外观　　　　　　（c）F3外观　　　　　　（d）E6外观

（e）F2外观　　　　　　（f）F1内街入口　　　　　（g）F1室内　　　　　　（h）F1外观

○ 图2-10-7　一期建筑改造

南区形成一致的步行空间体验。机动车与步行区流线分开，既保证北区机动车需求量，又留出大量的、连续的、无干扰步行、休闲空间。机动车出口保留原有西侧出口，调整南侧出口，新增北侧入口，有效缓解交通量集中的汽车疏散压力。北区规划结构上利用了"连廊"系统，公共空间充分利用原有绿地，采用适合场地地形的改造方式，并与步行空间联为整体。

（3）景观设计。南区将精力集中于几个景观节点：入口大门，OCAT，E6栋入口及新增展示区，停车场周围景观，E5与F3、F4间的连廊，另外还有地面铺装及灯光的设计等。北区景观规划概念为"网格"，网格的地景化操作是景观的基本概念，通过改变方块铺地的大小，创造不同的视觉体验，塑造一种场所精神。"场所精神"可以简单地理解为环境场所具体现象特征总和或"气氛"。它的目的在于营造一个北区最鲜明的特点，而这个鲜明的特点是建筑连廊的构想及公共大平台的设计。图2-10-8和图2-10-9分别为一期和二期环境景观改造。

（4）公共空间。将创意元素极大地融入建筑及各种空间中，营造了有趣的公共空间（图2-10-10）。创意元素随处可见：将废旧的车辆进行改造后作为空间的装饰，增加了建筑群的历史感；空旷的草地与废旧的飞机残壳，与高楼林立的城市建筑形成鲜明的对比。同时，公共空间也是最好的休闲空间，园区允许咖啡厅、酒吧等利用店铺门前的空间进行摆卖，创造了欧洲城市街道、广场咖啡厅的氛围。

（5）配套设施。园区位于城市中心地段，市民消费能力较强，且企业多为知名设计单位和事务所，对环境、

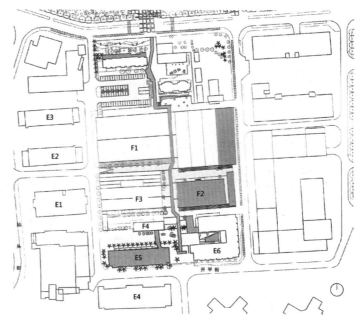

◎ 图 2-10-8 一期环境景观改造

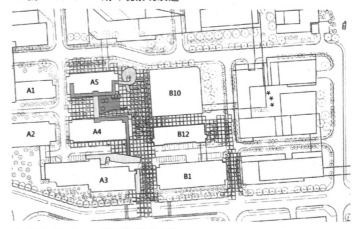

◎ 图 2-10-9 二期环境景观改造

配套等也有较高要求。园区利用部分建筑空间发展设计书店、咖啡厅、酒吧及特色餐饮等，以满足创意阶层及创意活动的多元需要。而这些配套也并非仅仅书店、餐饮如此简单，许多店铺都兼具文化活动的功能，如"一渡堂"既是酒吧、餐厅，又是举办讲座、时装秀、小型

（a）汽车装置　　（b）入口雕塑　　（c）店铺门前装饰　　（d）充满设计感的 LOGO

（e）废弃的摩托车改造成花池　　（f）可移动花盆　　（g）工业题材雕塑　　（h）涂鸦

（i）商业内街　　（j）沿街咖啡座

○ 图 2-10-10　公共空间营造

音乐会的场所,在深圳具有较高的知名度。园区内的公共空间常举行各种创意活动(如T街创意集市、露天小型音乐会等),营造了潮流创意消费的文化氛围(图2-10-11)。

(6)内部交通。华侨城作为深圳市步行体系打造最好的地区之一,园区的建设充分衔接其周边的步行系统,营造了宜人的步行空间。局部改造原有建筑的周边空间,增加人行步道,从而改善原有的以机动车为尺度的工业区环境。强调步行的舒适性、体验性以及人的享受,通过人车分流及趣味小品的设置,丰富步行空间。

(7)业态分布。南区有创意机构30余家,融合了"创意、设计、艺术"多维元素,涵盖艺术、画廊、设计、传媒、出版、演艺、娱乐、展览、摄影、时装、精品、餐饮、酒吧、生活等创意产业。图2-10-12为OCT-LOFT内业态比例构成。

设计行业方面,吸引了世纪凤凰传媒、鸿波信息、高文安设计、香港PAL、都市实践、Space-E6、大地建筑事务所、雅域国际、雅库艺术、华侨城传媒演艺、毕学锋设计顾问机构、聂风设计工作室、制作等十余家设计公司进驻。

商业设施方面,华侨城以"优质生活"为出发点在园区内设置F8 STUDIO时装摄影、Ein品牌女装、东方逸尚服饰、那特金属家饰、贝森豪斯园境装饰设计中心、品高生活等多家以创意为主题的商业机构,结合星巴克和国际青年旅舍等咖啡店、茶馆、生活用品相关配套设施

(a)入口

(b)当代艺术中心

(c)一渡堂

(d)创意集市

○ 图2-10-11　配套设施

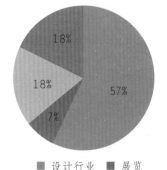

■ 设计行业　■ 展览
■ 饮食娱乐　■ 购物、消费

○ 图2-10-12　OCT-LOFT内业态比例构成

形成了以创意消费为基础的商业链。这些商业设施的出现吸引了人气，促进了消费，同时又完善了城区的功能，为居住功能的快速发展创造条件。

图 2-10-13 展示了园区内丰富的业态。

（8）活动策划。OCT-LOFT 从 2005 年第一届深圳 / 香港城市规划 / 建筑双城双年展开始，一直作为其重要的会场之一，这项城市建筑、规划、艺术的盛事为其发展提供了良好的发展契机和宣传，并逐步成为大型艺术展会的首选之地、深圳创意的先锋区域。每两年一次的深圳城市建筑 / 双年展也成为设计人士以及深圳市民的精神盛宴。

此外，园区还举办了当代雕塑艺术展、全国美术院校油画专业毕业生优秀作品展等艺术活动盛事，定期开办创意集市、露天小型音乐等活动，这类活动的存在为年轻艺术家贩卖自己的作品提供了场所，也成为 OCT-LOFT 创意生产的重要舞台。这些文化触媒在短时间内聚集大量的人群，激发了城区的活力，加强了深圳的文化影响力。

2.10.5 建筑改造

（1）改造手法。园区中建筑形态基本保持不变，但在室内装修方面，利用了原有厂房空旷、高大的结构，进行夹层、错层等改造，将内部整体的空间划分成有趣的室内空间，体现出工业化和后现代主义风格。部分建筑设置了上下双层复式结构，并设有类似舞台效果的楼梯和横梁，打造时尚的办公、展示、休闲的空间。此外，通过对部分建筑外墙进行"橱窗式"改造，创造宜人的展示、购物与休闲的氛围。

（2）立面改造。建筑外立面改造的常用方法分为"整旧如旧"和"新旧共存"两个方向。"整旧如旧"是对原有建筑物质特性与文化特性的继承与沿袭，旧形式很大

（a）咖啡馆

（c）设计机构

（b）餐饮店

（d）青年旅舍

○ 图 2-10-13　园区内丰富的业态

程度上会满足人们还原记忆的心理需求，引发很强烈的场所认同感和归属感。"新旧共存"则是在原有建筑的基础上融入新的元素。这两种方法是在创意产业园改造的过程中普遍遵循的方法与规律。改造手法如图 2-10-14 所示。外立面的改造特色在于大面积地运用了壁画，将壁画与墙体完美结合，同时通过这一元素的运用，将南北两区统一起来（图 2-10-15）。

（3）形式重构。工业遗产保护最重要的一点就是对其构筑物进行适宜性的再利用。建筑改造利用中常用的形式重构方法有垂直分隔、水平分隔、屋中屋、局部增建、局部拆减和局部重建。

南区建筑外部形式重构主要采用的是局部增建的方法，由于结构承载关系，垂直分隔在此处应用的局限性较大。对建筑入口的增建是一种屡试不爽的好方法，在场地允许的条件下增建建筑入口，以此增强对人流的引导力与吸引力，同时打造各机构

（a）利用高度进行竖向空间利用

（b）极简的橱窗式改造

（c）新加金属网统一立面效果

（d）新加金属网统一立面效果

○ 图 2-10-14　改造手法

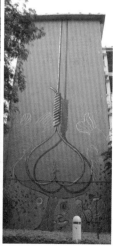

○ 图 2-10-15　立面改造——不同的壁画将南北区联系起来

（a）金属框架形成入口　　　　　　（b）混凝土框架形成入口

（c）玻璃框架形成入口　　　　　　（d）木材框架形成入口

○ 图 2-10-16　建筑入口改造

（a）A3 加建体及连廊　　　　　　（b）连廊与 A4

○ 图 2-10-17　A3、A4 之间的连廊

自己独特的名片（图 2-10-16）。

北区的主要设计理念是希望寻找北区建筑特点的符号，北区设计的最大亮点便是连廊系统的引入，连廊穿越建筑主体，利用原有建筑的楼梯作为二层连廊与地面的链接，连廊系统的立体化能激发区内不同行业的交流，并最终将整个北区建筑连为一个建筑群体，连廊中设置了几个重要节点，即 A3 东侧展廊、A3 北侧画廊、A5 东侧餐厅，从而丰富了连廊的空间，避免由于距离过长而单一。

（4）A3、A4、A5 改造设计。A3 加建建筑体与 A3 主体脱离，呈筒形体，入口位置向步行景观道路开设，北侧为整个连廊的入口，并提供商业面积，东侧为一个供规划成果展示的展廊。A3 加建为两层结构，一层根据原保留树位置设置中庭景观及楼梯通道，并通向 A3 电梯。A3、A4 之间的连廊见图图 2-10-17。

A4 与 A5 连廊设计手法与 A3、A4 连接体基本相同，但由于地理位置处于全园中心地带，其使用率更高，相应的结构需适当加固。中心景观区地形高差很大，地形最高点所设空间与加建体二层持平，连廊部分可封闭或半封闭，根据租户需要设置，并通过封闭产生一些展览空间。

A5东侧加建的旋转体，提供一个向北景观，旋转体外侧使用U形玻璃，内侧则采用了百叶的形式。U形玻璃为室内提供了良好的私密性，且具有良好的透光作用。百叶的设置起到室内外空间分隔的作用。A5加建作为视觉中心，立面玻璃由印花像素文字"OCT-LOFT"

堆叠组成，产生斑驳的树影效果，此举是对自然环境的尊重和回应。A4、A5之间的公共平台及A5加建体见图2-10-18，A5东侧的加建体见图2-10-19。

（5）OCT当代艺术中心。华侨城创意文化园没有高耸的烟囱和宏伟的厂房，只有小型的工厂厂房，设计机构在对厂房改造时，对结构进行了加固，对原有的东西和改造过程的痕迹进行了保留，把没有进行其他装饰的空间留给了那些入驻的创意公司，形成了粗放和多样的风格。其中，OCT当代艺术中心的改造最具代表性（图

（a）俯瞰公共平台及A5加建体 　　（b）平台底部 　　（c）木质平台连接二层

 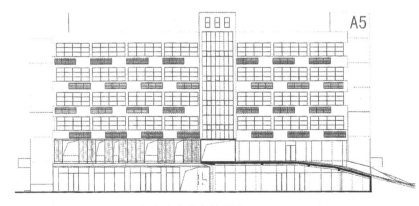

（d）公共平台平面图 　　（e）公共平台剖面图

○ 图2-10-18　A4、A5之间的公共平台及A5加建体

2-10-20）。其展厅外墙包括现有门窗都原封不动，唯一的建筑处理是沿南北两侧出挑的屋檐下支撑起一金属框架并以镀锌的金属网覆盖，于是整栋仓库被包裹起来。金属网在使旧库房的岁月痕迹以及任何加固改建的痕迹都得以留存的同时，又使建筑轮廓有意偏离了那个库房的原型面并得到了进一步简化。

（a）入口

（b）外观

（c）下部结构

（d）围合空间

○ 图 2-10-19　A5 东侧的加建体

（a）南北立面加金属网

（b）东西立面保持原样

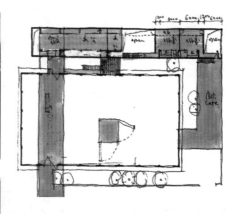

（c）平面图、立面图

（d）工作模型图

○ 图 2-10-20　OCT 当代艺术中心改造

2.11

项目名称：沈阳铁西工业建筑遗产改造

项目地址：沈阳铁西区

改造前用途：重工业厂房、工人村住宅

改造后用途：博物馆、展览馆、创意产业园、公园

始建时间：1906年

改造时间：2006～2012年

铁西区地处沈阳市中心偏西南，面积40km²，2008年人口103万（图2-11-1）。它是一个有着丰富历史和工业文明的老城区，是我国建国初期建设的以机电工业为主体、国有大中型企业为骨干的综合性工业生产基地，素有"东方鲁尔"之称。我国的第一台车床、变压器、水轮发电机、快速风镐等都在这里诞生，工业遗存非常丰富，包括"南宅北厂"的工业城区布局、工业企业聚集地区、工人生活区。这些工业遗产承载着沈阳工业很大部分的历史记忆，反映了老工业基地创业、发展、变迁的历史进程和文化变迁。

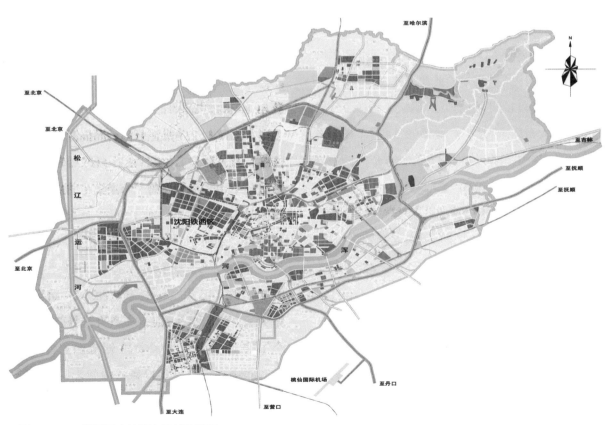

○ 图 2-11-1　铁西区在沈阳市区域位置图

2.11.1　工业发展历史

铁西区的工业发展先后经历了四个历史时期：形成期、辉煌期、调整期、重振期，集中体现了新中国建设时期和改革开放后的工业发展历程，特别是从工业化到逆工业化，再从逆工业化中重新振兴的过程。

（1）形成期。铁西区肇始于1906年，时年6月，日本天皇下令成立南满铁道株式会社，在奉天建立了日本政权机构，并确定铁道东侧为市街区，西侧为工业地带。1912年沈阳站建成后，以长大铁路为界，以西称之为铁西，铁西由此得名。从1913年起，在铁西陆续开设了制陶、窑业、木材等企业。1935年3月，由日本势力控制的垄断性土地管理和规划机构奉天工业土地股份有限公司成立，负责铁西工业城区的规划和土地经营。1943年的伪满时期，铁西区以一条横贯东西的通道（现建设大路）为界，南部为生活区，北部为工业区，确定了铁西工业区"南宅北厂"的结构布局。

（2）辉煌期。新中国在工业化初期的10年间，把支持装备制造业财政的六分之一投到铁西区，使铁西区形成了门类齐全、功能完备、大中型企业高度集中、配套能力强的中国装备制造业基地。"铁西装备，装备中国"，其装备制造业占300余项。在我国进入改革开放新时期之前，我国工业经济呈京津、沪、辽三足鼎立之势，沈阳是辽宁的"重中之重"，铁西的工业总量又占沈阳的半壁江山，铁西的装备制造业的地位和水平当时在国内无它可替。

辉煌期的铁西区内，仍旧采用着南宅北厂的结构布局形式。建设大路以北是工厂区，沈阳80%的国营大中型工业企业曾集中在这里，那时的铁西区工厂密布、烟囱林立，铁道专线纵横，一派繁荣景象。建设大路以南是工人的生活居住区。始建于20世纪50年代的工人村是当时全国最大的工人住宅区，是铁西工人生活的缩影，是工人从棚户区迁入住宅楼的标志。工人村作为典型的沈阳大工业时代象征，已不仅仅是工人居住区，还是不可复制的工业文化资源。

（3）调整期。铁西区在成长和壮大的进程中，所创造的500项国家第一，从时间分布上看，20世纪50～60年代占据55%，70～80年代占了40%，而20世纪末不足5%，反映了铁西区在改革开放的新时期，在观念创新、科技创新等方面后劲不足，工业产品更新换代滞后。另外，铁西区在经历了50多年的发展，企业从最初的89家上升到2001年的3500家，却仍旧挤在建设大路以北的20km²的土地上。建设大路以南的20km²的土地上，当时居住了80万人口，这样的密度在中国也是十分罕见的。

20世纪80～90年代，铁西区进入改革调整阶段，包括工业改造和城区改造的区域总体改造项目被国务院批准作为全国重大区域性总体改造工程试点。1999～2001年，是铁西区的体制转型阶段，铁西区90%的国有企业处于停产或半停产状态，城市功能单一，二、三产业比例严重失调，职工生活困难，社会保障缺失，铁西区被称为"工人度假村"，铁西区跌至历史最低谷。图2-11-2为铁西区建设大路以北主要工业遗产分布图。

（4）重振期。2002年年底,党的"十六大"制定了"支持东北老工业基地加快调整改造"的战略决策。铁西区进入了全新发展阶段，改革发展成效显著，被国家授予"铁西区老工业基地调整改造暨装备制造业发展示范区"。

在铁西工业"大搬迁"中，企业利用位于城区的土地与开发区的土地产生的每平方米1500元的土地级差，筹集了企业搬迁和重组改造所需的建设成本，使铁西区拥有了首批起步资金。

随着铁西区建设力度逐年加大，在铁西新区建立了数百个现代化工厂，铁西区的真正含义逐渐远去。2008年，铁西区被评选为"联合国全球宜居示范城区"，铁西区彻底转变了深刻印于人们心中的形象。经过10年的改造建设，随着"东搬西建"战略的逐步实施，铁西工业区翻开了老工业基地改造振兴的新篇章。表2-11-1为铁西区工业化历程阶段划分及关键事件。

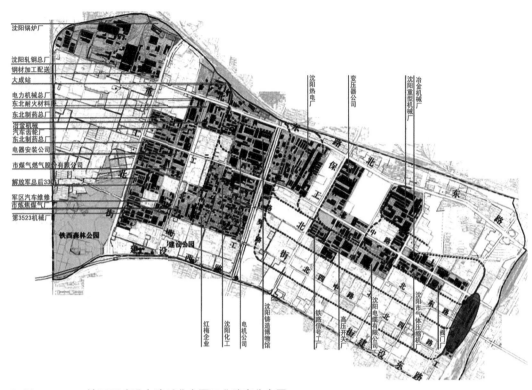

○ 图2-11-2　铁西区建设大路以北主要工业遗产分布图

表2-11-1　铁西区工业化历程阶段划分及关键事件

阶段	时间	工业化进程关键事件
形成期	1900～1949年	1903年，南满铁路支线旅顺至长春西侧（现兴工街以东）划入铁路用地
		1904年，日俄战争后，沙俄将南满铁路转给日本
		1906年，南满洲铁道株式会社，铁道东为市街区，西侧为工业地带
		1932年，根据"奉天都市计划工业地域图"，西工业区面积13.68km²；1933年，《满洲经济建设纲要》中，奉天铁道西侧13.91km²为工业区，棋盘型道路网
		1938年，建区，因位于长大铁路西而得名，铁西区面积39.48km²
		1944年，日资三井、三菱、佳友、大仓等大财团在铁西投资先后建立了200多个工厂，如满洲佳友金属工业株式会社（现沈阳第一机床厂）、东洋轮胎株式会社（现沈阳橡胶四厂）、江洲电线株式会社（现沈阳电缆厂）、日本东京芝浦电气奉天制作厂（现沈阳高压开关厂）、满洲矿业开发奉天制炼所（现沈阳冶炼厂）、满洲麦酒株式会社（现沈阳华润雪花啤酒有限公司）等，铁西区已基本形成

阶段	时间	工业化进程关键事件
辉煌期	1949～1986年	1950～1953年，铁西区在解放战争和抗美援朝战争中起到重要作用
		1963年，全区国营工业企业123个，千人以上企业51个
		1975年，铁西区面积38.93km²，被称为"机床的故乡"，有全国最大铸造企业，冶金工业诞生地，主要产业为冶炼厂、医药制造业、化学工业、橡胶制品
调整期	1986～2002年	1986年8月3日，沈阳市防爆器械厂正式宣布破产，成为新中国第一家破产倒闭的企业。调整布局，铁西区总体改造纳入"七五"计划，建立现代化工业区。这一政策没有扭转铁西区的逆工业化趋势
		1988年，辽宁省政府决定将铁西区作为辽东半岛开放区示范区，铁西区成为利用外资改造老企业的试验区
		计划经济、依托资源枯竭、缺少技术创新，不适应市场经济，大批企业资不抵债，萧条破产，企业下岗，沈阳30万产业工人中13万下岗，集中在铁西区
重振期	2002～2010年	2003年国务院出台《关于实施东北地区等老工业基地振兴战略的若干意见》，铁西区与沈阳经济技术开发区合署办公，组建了铁西新区，实施"东搬西建"计划，将铁西区内的重工业生产厂逐渐向沈阳经济技术开发区转移，240余户企业陆续迁出，土地置换成资金，用于老企业改造
		2007年，国家发改委和国务院振兴东北办授予铁西区"老工业基地调整改造暨装备制造业发展示范区"的称号，铁西区与开发区、细河经济区整合为铁西新区。到2007年年底，共从市区搬迁企业239户，腾迁土地7.4km²
		2008年，铁西区被列入"改革开放30年全国18个典型地区之一"，荣获"联合国全球宜居城区示范奖"
		2009年，《铁西装备制造业聚集区产业发展规划》获批，荣获"国家可持续发展实验区"、"国家新型工业化产业示范基地"、"国家科技进步示范区"、"国家首批知识产权强区"、"全国义务教育均衡化示范区"等称号，入选"新中国60大地标"
		2010年，规划在建建设大路沿线建"铁西工业文化走廊"

2.11.2 城市总体改造策略

（1）改善人居条件。从2002年起，全区累计拆迁光明、牛心屯、英雄大院、繁荣里和艳粉街等旧区、棚户区共342片，总建筑面积69万平方米，涉及改造居民2.3万户。补贴建设了工人新村和重工新村等标准化小区，2000户住房特困户喜迁新居。目前，铁西区成为沈阳市第一个无棚户区和连片平房区的城区，人均住房面积由2002年的18.7m²提高到2007年的24.8m²。

（2）改造基础设施。在城市公共基础设施建设方面，铁西区对建设大路等37条道路进行了标准化改造，总长度17km；对73条小街巷进行改造，总长度96km；将区内及与其他区域连接的10座立交桥全部进行了改造。取缔了部分马路市场及占道商亭，每个办事处新建一个农贸大厅。人居条件的巨大改善为铁西旧工业区的更新改造奠定了群众基础。

（3）优化自然环境。以建设宜人城区为目标，铁西工业区全面加强生态建设，实施绿化、水系、环保"三大工程"。针对铁西工业区建筑密度高、环境质量差、休闲空间少等现实问题，区政府通过开放公园绿地、开放各单位绿地、完善居住区绿地、建设道路广场绿地、建设城市森林区等具体措施，自2002～2007年的6年间，平均年新增绿地64万平方米，绿化覆盖率达到36.3%。

（4）完善城市功能。铁西工业区更新改造过程中，城市定位由原来的工业区逐渐变成了综合生活区，重点补充了金融服务、国际贸易、经营管理、会展旅游、现代物流五大城市功能。经过六年建设，建设大路以南居住区就地改造的同时，居住人群逐步北上，建设大路以北地区在大量腾出土地上发展商贸服务业。

2.11.3 工业遗产改造过程

2003年年初，沈阳第一、第二毛纺织厂地块以每平方米1600元拍卖成功，拉开了铁西工业区净地出让的序曲。此后的10年里，共搬迁企业320户，腾迁土地9km²，盘活闲置资产500多亿元，获得土地级差收益300多亿元，基本解决了国有企业历史遗留、企业发展等问题，同时，经济的快速发展带来了工业遗产的消失和破坏。

2006年铁西区政府对铁西区的工业遗存状况进行全面普查，出台了《铁西新区关于工业文物保护管理意见》，阐明了工业文物保护的目的、原则、等级、方式，以及保护制度、责任机制，工业文物保护与管理工作的重要性和紧迫性并下达了保护文件，确保了铁西区工业遗产的保护有了初步的法律依据，规范了对工业文物的管理。

铁西区对工业遗产的保护形式以建立博物馆、发展工业遗产旅游以及构建工业文化广场为主。2007年铁西区旅游局成立，旨在将铁西以工业遗产旅游的形式来向全国乃至全世界来宣传铁西。为了全面挖掘铁西工业文化遗产旅游资源，铁西区政府以具备装备制造业实力的老企业为依托，推出工业遗产旅游线路，开始进行铸造博物馆、工人村生活馆的改造。

2010年开始大路沿线的工业文化走廊的规划建设。主要借助工业元素、旧机器设备等工业雕塑为主体，配以景观改造，留驻铁西老工业基地的历史印迹，以原旧厂房为节点进行文化场馆改造，形成以铸造博物馆、工人村生活馆、文化广场、劳动公园、铁西1905创意文化园等为节点，展现百年工业历史的文化长廊。

图2-11-3为铁西区工业遗产改造分布现状卫星图片。图2-11-4为铁西区工业遗产的保护及再利用时间轴。

○ 图2-11-3 铁西区工业遗产改造分布现状卫星图片

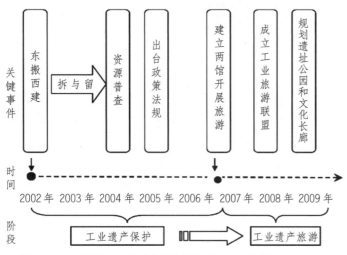

○ 图2-11-4 铁西区工业遗产的保护及再利用时间轴

2.11.4 工业遗产改造实例

（1）沈阳铸造厂

① 发展历史。沈阳铸造厂始建于1939年，其前身是日本高砂制作所。1946年4月，高砂制作所、松田制作所、建村制作所等七家日本企业合并建立了沈阳机器厂。1956年定名为沈阳铸造厂，厂区占地面积33hm²，职工人数最多时达5800人，年最大产量38500t，生产铸件上万种，曾经是亚洲最大的铸造企业。在铁西区工业企业"东搬西建"的战略调整中，铸造企业搬迁至沈阳经济技术开发区铸造工业园内，沈阳铸造厂在2007年4月17日浇铸完最后一炉铁水，完成了它的历史使命。2008年，翻砂车间因为规模恢宏壮观，空间结构保持良好，被公布为辽宁省第六批省级文物保护单位予以保留，并决定将其改造为一座集中展现东北老工业基地以装备制造业为主题的铸造博物馆。

② 铸造博物馆。改造后的铸造博物馆位于卫工街北

一马路，占地面积4hm²、主体建筑1.78万平方米。整体建筑采用保护式改造，未对建筑空间和结构做太大调整，建筑功能比较单一，以展示、展览为主。馆内保留了原车间的原貌和大量原生态的机器设备，通过铸件、设备等实物，展示了七大铸造工艺流程，并运用大量的图片、文和音像，形象再现了铸造厂车间工人生产时的场景。博物馆由工业会展区、创意产业区、文化演艺区和铁西工业发展回顾展区四部分组成，成为集观光、休闲、体验、博览于一体的工业主题园区及艺术创作交流的文化艺术中心。

穿过烘干窑门搭成的大门进入博物馆，转盘子、碾砂机、焖火窑等铸件工艺流程实物排列。芯盒、风铲、砂箱、耐火管、铅粉、风冲子等各式各样工业元素点缀在墙，取得延续历史记忆的目的，并且引起了造访者共鸣。在博物馆的广场上，设计者利用工业设备作为环境小品，如30t的钢锭模子、13t的中注管、15t的铁包子等，反映场地历史特征，每一个工业元素的存在都塑造了工业建筑的场所精神（图2-11-5和图2-11-6）。

③ 中国工业博物馆。中国工业博物馆是在沈阳铸造博物馆的基础上改扩建而成，位于铸造博物馆北侧，采用新旧相融合的建筑设计手法，与铸造厂工业遗址融为一体（图2-11-7）。博物馆总占地面积8hm²，总建筑面积6万平方米。内设冶金馆、重装馆、机电馆、汽车馆、香港馆、车模展、铁西馆七个展馆，与一期通史馆、机床馆、铸造馆合并，

（a）现状卫星图片

（b）改造前车间室内1

（c）改造前车间室内2

○ 图2-11-5 铸造博物馆改造前

（a）博物馆全景

（b）博物馆室外场地

（c）博物馆室内空间

○ 图2-11-6 铸造博物馆

最终实现了"9+1"的展馆设置模式。2012年5月，中国工业博物馆一期展馆（通史馆、机床馆、铸造馆）正式对外开放。

（2）沈阳重型机械厂

① 发展历史。沈阳重型机械厂始建于1937年，位于铁西区兴华街北二路，厂区占地面积50hm²，

（a）展馆室内1

（b）展馆室内2

（c）室内展品：机械

（d）室内展品：零件

（e）室外展品1

（f）室外展品2

（g）室外展品3

○ 图2-11-7 中国工业博物馆

总建筑面积35万平方米。其中的铸钢车间，有"中国第一炉"之称的2号平炉，于1949年10月31日炼出了新中国成立以后的第一炉钢，当年钢产量达到了1889t。2009年5月18日，随着最后一炉钢水浇铸成"铁西NHI北方重工"后，这座具有72年历史的老厂留下永久记忆后封炉，工业遗址将被保留下来，包括浇铸最后一炉钢水的钢炉、钢水包和锯齿形厂房，利用老机器设备及零部件设计工业雕塑，以展示铁西区这些特色鲜明、具有典型时代特征和纪念意义的重工业符号。图2-11-8为该厂现状卫星图片。

② 1905创意文化园。1905创意文化园是由始建于1937年的二金工车间改建而成，占地面积4000m²，曾是日本住友株式会社的机加车间。创意文化园保留原建筑的设计风格和主体结构不变，对建筑内部进行重新分割，建筑面积近1万平方米，成为铁西创意文化产业的中心。业态引入以酒吧、餐饮和艺术工作室为主，咖啡、小剧场、艺术长廊和个性小店等业态模式也占有一定比重。这里不定期举办艺术展览、极限展示、创意集市、小型奢侈品展、品牌发布会等。图2-11-9为1905创意文化园。

③ 重型文化广场。位于沈阳重型机械厂原址，占地面积3万平方米。2009年11月开始建设，2010年建成开放。广场大型主题雕塑——持钎人，雕塑高27m，总重量400t，号称世界最高的动态工业题材雕塑。广场西侧陈列了齿轮、螺栓、供热管道、钢包、焖铁炉铰链等实物。图2-11-10为重型文化广场。

（3）工人村改造

① 建造历史。工人村始建于1952年，是解放后以苏联居住区设计理念和方法为摹本，专门为铁西工人建设的生活新区。1952年完成79栋住宅楼，1954年完成

图2-11-8 沈阳重型机械厂现状卫星图片

（a）室外照片

（b）入口

（c）维护结构拆除后形成的灰空间

（d）保留行吊

图2-11-9 1905创意文化园

13 栋，1957 年完成 51 栋，三次共完成 143 栋，总建筑面积 40 多万平方米，是新中国第一个也是最大的一个工人村，是当时工人阶级新生活的象征，受到全国乃至国际的瞩目，"楼上楼下，电灯电话"就是对铁西区工人村的生动写照。

如今，工人村在经历了自身 50 多年风雨沧桑和社会环境的巨大变革后，不仅在建筑结构上已经老化，而且在使用功能上也出现了很多问题和矛盾，工人村已经逐渐丧失了作为工人住区的生命力。现有住户 1.48 万多户，人口 4 万多人。2007 年工人村改造完成，位于赞工街 2 号附近的 7 栋住宅楼被完整地保留了下来，经过改造变身为工人村生活馆。工人村旧照和现状卫星图片分别见图 2-11-11 和图 2-11-12。

② 院落环境特征。院落采用的是"合院式"住宅院落空间形式，院落含蓄温馨、内向安全。工人村院落布局形式符合当时铁西区的工人早八晚五的作息时间，院内的活动都充满着准确的规律性及集体性。院落内与外界相联系的小路以"井"字形在院中布置，使人们与外界的沟通比较顺畅。院内树木繁多，树种多样，"井"字形小路两侧栽植了高大树木，院落内空地铺有彩色方砖，亦设有一些供人们观赏和休息的建筑小品，这些都使其院落空间蕴含着丰富的"人情味"，体现了工人村工人们的团队精神（图 2-11-13）。

③ 建筑风格。工人村的建筑单体外部立面呈三段式对称布局，一般为三层。建筑外墙采用的是清水砖墙，屋面覆盖黏土瓦，而屋顶的山花、老虎窗和烟囱使整体建筑的天际线更加丰富多变。建筑立面的素

（a）主题雕塑——持钎人　（b）齿轮

（c）螺栓　（d）铰链

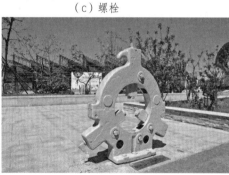

（e）工业雕塑 1　（f）工业雕塑 2

（g）跷跷板　（h）花池

○ 图 2-11-10　重型文化广场

（a）鸟瞰　　　　　　　　（b）院落环境

○ 图 2-11-11　工人村旧照

○ 图 2-11-12　工人村现状卫星图片

（a）建筑风格　　　　　　（b）院落环境

○ 图 2-11-13　工人村改造前照片

混凝土线角十分注意微差的变化，勒脚也与木制窗的形式相结合，一楼入口处门上过梁采用中国古建的传统符号——"回"字纹作为细部装饰，这些形式都充分地体现了苏式建筑风格与中国特色的结合统一。

④ 改造设计。改造中将建筑单体的外立面进行翻新，完全保持原有的风格、立面形式和比例尺度，修复清水砖墙和外立面的缺损，同时在不改变原有的开窗尺度的基础上，将原有木质窗更换为木色的塑钢窗。

在不改变承重结构的同时，根据建筑结构强度检测，将原建筑内的非承重墙去掉，这样既保证了空间的完整，且改造后的建筑面积也可以满足中小型的商业服务功能、办公空间和居住空间的需要。

同时，根据室内空间特征，营造出符合人们心理需求的亲切宜人的小空间。

在室内布置的安排上，也相应地引入小家具布置的观念，使空间在大小、明暗、动静、开敞与封闭上有机变化、相辅相成。

⑤ 院落改造。在改造设计中保留原院落空间的特征，并根据功能的需要将院落分成几个部分，通过小空间的多种组合，形成多样化的院落空间，不但打破了原有空间的呆板状态，而且形成了独具特色的流动空间，成为该区域人流聚集的重要公共活动空间。在院落中心设置以"舞动的齿轮"为主题的中心广场，表达铁西工业区辉煌的历史及人们对美好未来的向往，且院落内其他各部分以中心广场联系贯穿，实现形式与功能上的统一。图2-11-14为院落改造后环境。

⑥ 工人村生活展示馆。工人村生活展示馆总占地面积1.5hm²，由7栋3层苏式红砖建筑围合而成，是我国首个以工人生活为题材的博物馆。该馆恢复了当时的"大合社"、粮站、邮局、抗大小学、幼儿园等原貌，其中复原了不同年代13户典型家庭真实的生活场景。如不同时期工人村居民的生活用品、名人故居、商业店面等，从中看出工人生活的真实和进步。同时，在此基础上于其他几栋建筑内植入书吧、影吧、茶吧和酒吧等现代业态，以充分利用现有空间，使其形成多点的文化符号，以满足不同群体的文化需求（图2-11-15～图2-11-17）。

（a）雕塑小品1

（b）雕塑小品2

○ 图2-11-14　改造后院落环境

（a）生活馆入口

（b）院落环境

○ 图2-11-15　工人村生活馆

（a）20世纪60年代

（b）20世纪70年代

（a）粮油店

（b）商店

（c）20世纪80年代

（d）20世纪90年代

○ 图2-11-16　生活场景展示

（c）小学教室

（d）幼儿园

○ 图2-11-17　公共场所场景展示

2.11.5 开放空间改造

（1）劳动公园。劳动公园位于铁西区西南部，东起卫工街，西至肇工街，北起十二路，南至勋业三路，全园占地面积为 33.8hm^2，1956 年建园，因地处工人村附近，是劳动者业余时间游园娱乐的场所，故取名劳动公园。劳动公园是为工人们在艰辛劳作之余放松身心、健身休憩而精心打造的"后花园"。几十年来一直深受工人喜爱，成为工人们业余生活不可或缺的一部分。

设计对公园空间略施整合，并强化其教育主题，将它塑造成一座以宣传劳动模范为内涵的主题公园。公园内一尊尊生动再现劳模形象的雕像、一片片记载着劳模为祖国工业呕心沥血的事迹墙、一组组描写劳模生活与工作情景的园林小品等，表达人们对那些曾经为祖国工业付出卓越贡献的优秀工人的崇敬之情，也为工人们塑造更为优美的生态与人文环境（图 2-11-18）。

（2）工业文化走廊。2010 年，铁西区开始建设一条工业文化的景观带——铁西工业文化走廊，主要借助于工业元素、旧机器设备创意设计出的工业雕塑为主体，配以景观改造，留驻铁西老工业基地的历史印迹。一期工程设置了晨曲·暮歌、TX-铁西标题、铿锵名录、雪花、孵化、工业乐章-印刷变奏曲、工业魔方、机床 1970 共 8 个风格迥异、特色鲜明的主题雕塑（图 2-11-19）。

（a）现状卫星图片

（c）劳模雕像

（b）劳模纪念浮雕墙

○ **图 2-11-18　劳动公园**

（a）铁西标题

（b）铿锵名录

（c）印刷变奏曲

（d）工业魔方

（e）机床 1970

○ **图 2-11-19　工业文化走廊**

2.12

项目名称：西安建筑科技大学华清学院

项目地址：西安市幸福南路 109 号

业主单位：西安建大科教产业有限责任公司

设计单位：西安建筑科技大学陕西省古迹遗址

　　　　　保护工程技术研究中心

　　　　　西安建筑科技大学建筑设计研究院

改造前用途：陕西钢厂

改造后用途：大学校园

占地面积：18.48hm²

建筑面积：20 万平方米

始建时间：1956 年

改造时间：2009 年

　　西安建筑科技大学华清学院位于西安市幸福南路 109 号，利用原陕西钢厂厂区改造而成。陕西钢厂成立于 1956 年，位于西安二环东南角，属于韩森寨工业区范围。1965 年全面投产，是年产 50 万～60 万吨钢的中型企业，占地 900 多亩、建筑面积近 20 万平方米，曾为我国的国防事业和西安的经济发展做出巨大贡献。20 世纪末，陕西钢厂也像其他众多传统夕阳产业一样，陷入了无可避免的衰败之境，2001 年陕西省政府批准破产。同年，西安建筑科技大学策划收购陕钢作为其第二校区——华清学院。

　　2009 年陆续完成教学区旧厂房、办公楼的改造和利用项目 50 多个。经过一系列的改造，目前，旧厂区已变成了新校区，一部分废弃的旧工业建筑如今已变身为教学楼、图书馆和实验楼等，旧工业区更新获得初步成功。实践证明，厂校双方结合是适时的、合理的，这一改造再利用项目是成功的，成为我国旧工业建筑改造再利用的典型案例，为类似的改造再利用可行性、适应性提供了有益的、宝贵的经验。相关位置见图 2-12-1、图 2-12-2 和图 2-12-3。

2.12.1　场所解读

　　（1）发展历史。陕西钢厂（以下简称陕钢）曾是全国十大特钢企业之一，20 世纪 80 年代中期达到顶峰。进入 90 年代，随着产业结构的调整，陕钢日渐衰退。从 1998 年企业申报破产到 2001 年省政府批准破产以来，企业负债近 11 亿元，生产全部停止，工人下岗，厂区景象日益破落，大量的土地、建筑被废弃和闲置。如何在原有基础上进行新旧功能置换，是摆在人们面前的一个重要课题。陕西省政府随后对陕钢厂区土地、厂房等进行了拍卖，2002 年 10 月 26 日，由西安建筑科技大学科教产业有限责任公司竞标成功。由一所高校控股的企业来收购一个国有大型企业，这在国内尚属首例，从而开始了由原生产企业功能转换为文化科教高校校区的探索研究。

　　（2）原厂布局。原厂区主要布局分为三部分，分别是西部的办公、生活区，中部的生产区和东部的仓库区。办公区位于厂前区的南侧，主要由厂办公楼、计算机站、公安处、食堂围和组成。生活区位于厂前区北侧，主要包括汽车库、动力办公、食堂、后勤等。中部的生产区主要为轧钢车间、拉丝车间和酸洗车间等大型生产用厂房。仓库区位于厂区东侧，目前大部分闲置，个别

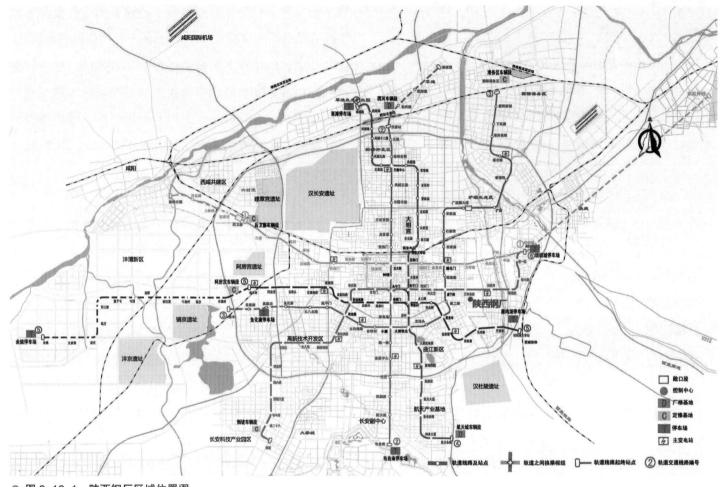

○ 图 2-12-1　陕西钢厂区域位置图

仓库暂时作为省建六公司遗留建筑材料的仓储用房（图 2-12-4 和图 2-12-5）。

（3）资源评价。评价内容包括：一般建筑物、厂房、厂区道路和行道树，都具有保存的价值。一般建筑物多为办公建筑，多为 3 ~ 4 层，混凝土结构，开间和进深在 4 ~ 6m 左右，空间规整，未来可以用作新的休闲娱乐、商业甚至是居住空间。厂房建筑质量较好，结构稳固，空间跨度较大，可利用性强，未来可以用作购物中心、展览馆、博物馆等大型商业文化设施的建设。原厂区作为特种钢生产厂，原材料的进场和成品的出场需要宽敞的进出口通道和较大的回车半径，以及足够的承载能力，因此，厂区道路的设计施工维护程度高，保存较好。行道树以法桐和大叶女贞居多，由于栽植较早，很多树已经生长多年，枝繁叶茂，为用地提供了良好的景观生态价值。

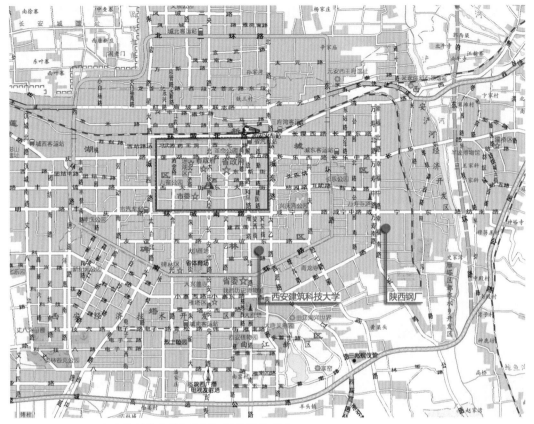

○ 图 2-12-2　西安建筑科技大学与陕西钢厂位置关系图

○ 图 2-12-3　华清学院现状卫星图片

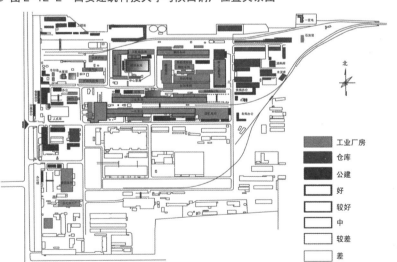

工业厂房
仓库
公建
好
较好
中
较差
差

○ 图 2-12-4　改造前厂区总平面图

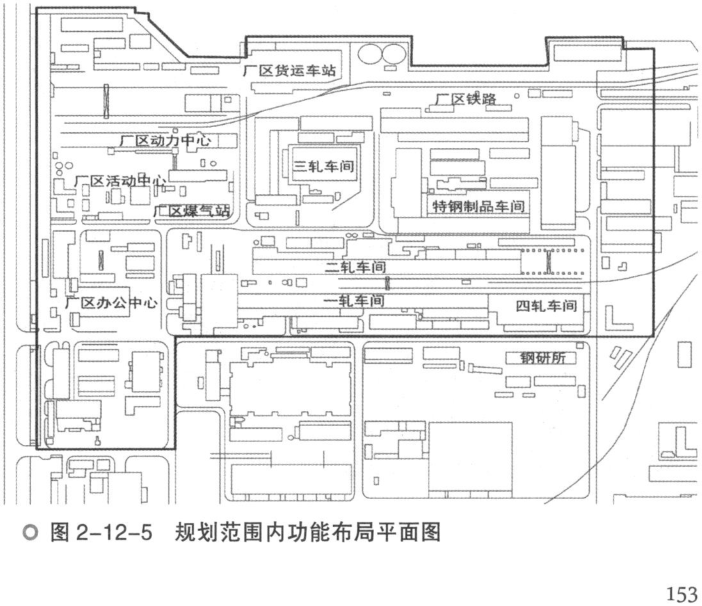

○ 图 2-12-5　规划范围内功能布局平面图

（4）建筑评估。对原厂区的20多万平方米旧建筑分类评估表明，其中旧工业建筑可直接利用的占原有工业建筑的8.2%，可改造再利用的占64.9%，必须拆除的仅占27%；公共建筑可直接利用的占所有公共建筑的55.2%，可改造再利用的占10%，必须拆除的占34.7%，仓储类建筑可直接利用和改造利用的占所有仓储类建筑的55%。

厂区内建筑状况基本良好，具有保留价值和改造再利用的潜力。但同时，由于长期用于工业生产以及维护不当，存在私搭乱建的现象和一定程度的破损情况。主要表现为：地面破坏严重，无地坪材料、防水材料铺设；墙面污染严重，外墙出现一定程度的残破损坏痕迹；门窗残破、锈蚀情况严重；屋面防水材料出现老化，导致渗漏；厂房内部屋中屋部分坍塌、残破不全。改造前建筑照片见图2-12-6。

2.12.2 场所改造

（1）规划原则。在合理利用原有建筑的情况下，从改造现有建筑空间入手，设计者对原有建筑物的改造进行了大胆新颖的设计，部分地方保持其工业时代的遗迹，凸显其由盛至衰、由衰而新的历史过程。在陕钢规划布局、建筑、交通、地下管网和设施的基础上，坚持以人为本，以满足师生员工的教学、管理、生活需要，提升校园文化品质为前提。新校区建设从重新利用现有能源、资源，组织有关管理、技术人员进行了动态规划，分批改造，确立了校区总体规划设计。

（2）规划目标

① 变工业繁荣为文化教育兴盛，从传统的工业厂区转变为真正的文教、科研校区。

② 在改造再利用过程中，尊重、保持原建筑的独特风貌，强调区域的历史文脉传承。

③ 通过功能置换等多种改造手段，使厂区的旧工业建筑获得新生。

④ 强调以人为本、建筑与环境的共生，营造满足师生员工需求的人性化绿色校园。

⑤ 根据旧建筑形体特征、结构质量现状，确立教学楼、图书馆、实验楼、文体中心、生活服务中心和餐厅等为校区的核心空间，做到教学区与生活空间既便利连接又不互相干扰。

⑥ 拆除破旧程度高的旧建筑，降低校区内的建筑密度，以形成收放自如、尺度适宜的建筑室外空间。

（3）总体规划。针对陕钢建筑物的分布情况，结合

（a）原二轧车间

（b）原二轧车间机修车间

（c）原煤气发生站

（d）原一轧车间加热炉附跨

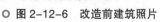
图2-12-6 改造前建筑照片

原道路路网形成的功能分区，按照大学校园的基本功能要求，划分为教学区、运动区、综合服务区、住宿区。对建筑体量大的一轧车间、二轧车间所在区域规划为教学区，原煤场所在区域规划为运动区，中部体量适中，造型独特的原煤气发生站片区规划为综合服务区，对原铁路专运线及东部仓储区（简易建筑居多）规划为住宿区，有效地契合了学生住宿、教学、运动等动静分区的规划思想。改造于2002年12月开工，2004年9月投入使用。

（4）路网和行道树的保留。华清学院在建设过程中，注重了原厂区路网的利用，和行道树的保留修剪。同时根据旧工业建筑改造再生后的通道设置，增设部分支路与主路连通。同时，对园区内所有成林树木进行了测量定位编号，在新建设施的设计中加以考虑，尽量减少损坏，对占地范围内确实需要避让的树木采取修剪后移栽的办法重新选定位置。

图2-12-7为华清学院总体鸟瞰图，图2-12-8为改造后校园平面图。

2.12.3　建筑改造

表2-12-1为陕西钢厂旧建筑改造情况。

（1）改造要点

① 对空间的动态利用。在改造过程中，尽量保持原有的结构不变，通过对内部空间的水平分割与垂直划分或者局部增加结构柱作为加层的结构支撑，创造出适合新功能的室内空间，实现对原有建筑空间的动态保存。

② 不同时代的共生。改造利用不同构件、材料、设备、风格、材质、色彩等，使新旧的对比更为强烈。让置身其中的人们切实地体会到历史与现代的碰撞，体现建筑时代的连续性，既有新创意又延续了建筑的历史脉络。

③ 历史文脉的延续与归属感。在改造过程中，刻意保留旧工业建筑的沧桑痕迹，尊重原有的场所精神，引发人们的怀旧思念与感情。改建的目的不仅是带来旧工

○ 图2-12-7　总体鸟瞰图

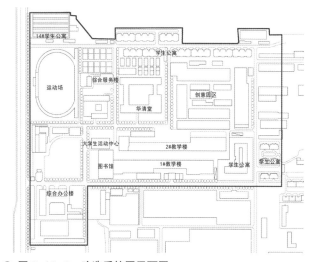

○ 图2-12-8　改造后校园平面图

表 2-12-1　陕西钢厂旧建筑改造情况

改造前用途	建筑时间	改造后用途	工程性质	建筑面积 /m²	开工时间	竣工时间	备注
1 轧车间	20 世纪 60 年代	1 号教学楼	改造	11091	2003.4	2004.3	钢结构框架加层
2 轧车间	1978 年	2 号教学楼	改造	14440	2003.4	2004.12	钢筋混凝土框架加层
3 轧车间	1978 年	3 号教学楼	装修改造	11091	2003.4	2004.3	
动力车间办公楼	1978 年	学院办公	装修改造	1805	2003.4	2003.9	局部新建
2 轧车间办公楼	1978 年	班主任办公楼	装修改造	784	2004.6	2004.9	
1 轧车间办公楼	1982 年	招待所	装修改造	1191	2003.11	2004.4	
2 轧车间办公楼	1978 年	健身房	装修改造	297	2004.6	2004.9	
基建处办公楼	—	行政报告	装修改造	727	2003.12	2004.4	
电工值班室	20 世纪 90 年代	团委办公	装修改造	366	2004.7	2004.10	
1 轧车间	20 世纪 60 年代	图书馆	改造	5904	2004.4	2004.10	钢结构框架加层，西立面利用原钢筋混凝土牛腿柱的基础上作钢结构框架，钢丝夹芯板结合玻璃幕墙
2 轧车间料厂	20 世纪 80 年代	大学生活动中心	装修改造	1213	2004.7	2004.8	202003 年已做水磨石地面

业建筑新的使用价值，也要让人们找到以前的回忆，留住这部分情感，延续历史文化传承。

（2）功能转换。尊重陕钢原有建筑物的形体特征，将建筑功能从原来的工业生产置换为与教育、科研等相关用途。厂房层高约为 10m，大跨度匀质空间，可结合原有结构体系设定适宜的教学空间、不同尺度的廊道、展厅与中庭共享空间等，形成多层次的空间结构。大部分厂房基础结构良好，可以直接使用以满足新的功能需要。

（3）结构处理

① 以原有结构为主，对其进行简单和必要的维护，然后在此基础上进行局部改造，除了改造和加固部分，不再增加新的承重结构构件。东校区大学生活动中心、大学生生活服务中心、学生餐厅等都是以原有结构为主，加以简单和必要的维护，局部改造而成。

② 旧结构无法承受改造部分的压力，需增加一套新的结构体系对改造部分予以承托，使新增部分与原有部分受力体系分开设置，形成一个自身完整的受力体系，这样可以有效避免新旧结构相互影响造成的损害。东校区 1、2 号教学楼是在原有厂房基础上，增加新建基础而成，新旧结构间承托接缝，就是采用在新结构、旧结构间直接植筋，加设钢梁支撑和用夹芯彩钢板接缝处理技术。

③ 旧结构现状可利用性极差，几乎无法维持自身的结构稳定，为此必须加建新的结构协助原有部分保持稳定。这部分可根据功能需求和旧结构状况而具体研究制订。

（4）内部空间整合。对轧钢车间等体量巨大的厂房建筑室内空间进行水平或垂直方向上的划分，运用加建夹层、设置灵活隔断、屋中屋、加入中庭等多种空间划分方法，将其划分成为许多适合师生教学、科研、办公需要的空间单元。并针对各空间单元，增加其相互联系的内部交通和疏散空间（楼梯、电梯）以及辅助空间（卫生间和设备用房）。图 2-12-9 为建筑改造手法。

引入室内景观绿化，原厂房屋顶天窗与新增添的玻璃幕墙优化室内光线。充分利用厂房建筑光线充足的优势，通过运用虚隔断和透明材质来保证身处内部的各个功能空间，都能享受到自然光的舒适感受。对旧工业建筑材料在隔声隔热方面的不足可通过新工艺的改造、新材料的添加来加以弥补。图 2-12-10 为建筑内部空间改造。

（5）立面处理。新建部分尽量与原有结构脱开，使得改造后的立面构图简洁干练、体块清晰，与工业建筑精炼的气质相契合；墙体色彩选用灰色、橘红框幕墙加以装饰，以轻质明快和鲜艳火热焕发旧工业厂房的青春；同时，规则的严格的线条与原厂房粗犷、井然的建筑构件相匹配辉映，教室的严谨与庄重的氛围得到了体现（图 2-12-11）。

（6）新材料、新工艺与生态节能技术。华清学院根据旧工业建筑改造再生功能要求的特点，按照轻质、节能、隔热、隔声、高强度、无辐射、不老化高强度的要求，选择使用了秸

（a）黑框内为新加结构　　　　　（b）新旧材料的对比

（c）保留建筑结构　　　　　（d）保留旧建筑构件

○ **图 2-12-9　建筑改造手法**

○ **图 2-12-10　建筑内部空间改造**

○ **图 2-12-11　建筑立面处理**

秆板（用废弃的农业秸秆，经科学加工、改性而成）、GRC 板（玻璃纤维强化水泥通过新型工法成型）用作教室、办公室、宿舍的内隔墙。

学生餐厅屋顶采用真空管 – 热管式太阳能热水器集热，40t 储水罐交换储水的方式，解决了学生的洗浴用水。随着招生规模的扩大，学院还利用原厂区工业仓库增设了生态节能型水煤浆锅炉，解决了学生饮水需求。

2.12.4 外部空间改造

（1）环境整治。修整路面，保留园区内原有道路为车行路线。加强园区内的步行交通，以增强交通可达性；将用地西面空地开辟为园区入口广场及停车场，以满足人流集散和停车需求；分别设置园区步行入口和车行入口，以避免人流、车流、货流的相互交叉；保留原有大型树木，

（a）保留下来的法桐　　　　（b）新增绿地

○ **图 2-12-12　校园绿化环境**

（a）绿地与本地速生树种　　　（b）草地上的景石

○ **图 2-12-13　入口广场**

作为必要的绿化、景观要素，营造优美的绿化环境；开辟室外公共活动场所，如设置图书馆前小型广场、绿地、建筑小品等，创造景观节点和人流汇集场所，形成人性化的公共交往空间；对原有基础设施进行完善和改进，并配置标牌、指示牌、说明栏等相应的管理设施（图 2-12-12）。

（2）入口广场。在整体规划的前提下，将简易、临时、小型建筑进行了大量拆除，为营造公共景观区及新建建筑提供空间及场地。原陕钢东方红广场为陕钢建厂初期规划的入口广场，但后来由独立运营的下属单位管理和使用，多年来在该址上建设了大量的简易建筑物如车库、简易车间、小型仓库等。在建设规划中将简易建筑物拆除，保留原有的成林树木，场地地形堆坡重整绿化，形成了入口绿荫广场的优美环境（图 2-12-13）。

（3）建筑小品。原厂区内的构筑物，如烟囱、水塔、贮料池等在景观规划中成为重要的元素。保留废弃烟囱，既增加了道路和建筑的标识感和引导性，也对文化和历史的延续有重要意义。利用建筑物改造再生设计的功能需求，精心设计层次多样，形式变化的楼梯，设置于建筑物室内公共空间或室外空间，既有效解决了交通疏散，同时为公共空间增添了景

观元素，丰富了公共空间的美观视野（图2-12-14）。

（4）景观小品。利用厂区废弃的工业设施、结构构件，制作校园内的工业景观小品，与厂房改造的教学建筑相得益彰。二轧机修车间露天跨，在景观设计中，拆除了吊车梁，完整保留了牛腿柱，表面喷刷真石漆，既是对混凝土表面的维护，又保持其粗糙的外观。排风机重新更换风机叶片，涂刷金属漆，异地安装到了操场草坪中，变身为靓丽的风车。重达20t的铸铁齿轮就地放置，对表面除锈打磨后，刷漆防护，成为坐落于草坪中无声的雕塑（图2-12-15）。

2.12.5 单体建筑改造

截至2009年10月，经过7年的建设，陆续完成具有一定规模的工程项目近50个，建筑面积达50余万平方米。其中学院办公楼、一号、二号、三号教学楼、教研楼、大学生活动中心、学生餐厅、综合服务楼、计算机网络中心、图书馆、实验室、音乐舞蹈教室等均利用旧工业建筑改建而成，旧工业建筑再生利用项目建成面积约16万平方米。一个可容纳1.5万名学生的具有独特历史文化氛围的新型大学校园全面投入正常使用。

（1）一号、二号教学楼。一号、二号教学楼是由两个轧钢车间通过室内空间加层改造而成的二层教学楼，两座教学楼长度超过了300m。原有车间的梁柱构架和屋架作为框架予以保留，厂房屋顶承担排水、遮阳、通风、维护等功能，高大的牛腿柱形成教室外走廊，符合教育建筑的功能要求。内部加建两层教学及办公用房，分段并错落排布，间隔处安排门厅和楼梯。整个教学楼有着工业建筑的巨大骨架和富于变化的内部空间，是一种"屋中屋"的改建方式。同时，在主体建筑的建设方面非常经济，大大缩短工期，是校区内最先实施和竣工的项目。图2-12-16展示了一号、二号教学楼改造设计。

教学楼外立面设计中采用大面积的钢窗和彩色窗棂幕墙来分割，

（a）保留下来的烟囱 （b）增设的室外楼梯

○ **图2-12-14 建筑小品**

（a）牛腿柱 （b）排风机 （c）铸铁齿轮

○ **图2-12-15 景观小品**

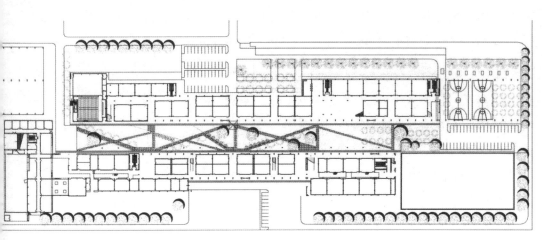

（a）平面图

（b）庭院绿化

（c）庭院铺地

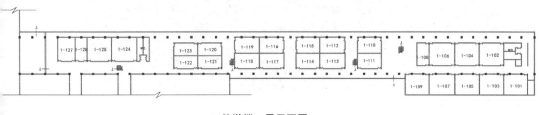

1#教学楼一层平面图

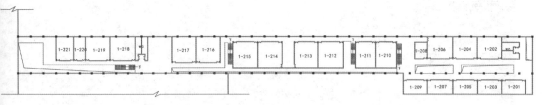

1#教学楼二层平面图

（d）一号楼平面图

（e）一号楼立面

（f）一号楼室内空间

○ **图2-12-16　一号、二号教学楼改造设计**

保证教室内采光的充足的同时工业韵味十足，立面效果颇具特色。改造后的教室空间宽敞明亮，沿原车间柱网把大空间分割成许多教室，内、外廊式走道，使用空间与交通联系空间紧密联系。菱格网状的玻璃窗，橘红色的窗框和通透的玻璃，室内的砖墙和玻璃幕墙勾勒出别具匠心的围合、半围合教学空间，组成一幅幅具有尺度、比例、均衡、韵律的建筑美的外立面。

（2）学生餐厅。学生餐厅是利用煤气发生站的一栋三层厂房和一栋单层厂房改建而成的（图2-12-17）。原有的两个单体建筑之间的两端采用新建回廊连接，闭合而成的中庭部位通高形成采光天井。天井顶部用球形节点钢网架支撑，钢化玻璃覆顶，形成采光屋顶。餐厅主入口立面采用内倾明框玻璃幕墙增大采光面积。整个建筑色彩鲜艳热情、造型简洁时尚，室内就餐环境宽敞、明亮，交通流线简洁。

（3）大学生活动中心。大学生活动中心紧邻图书馆北侧，由二轧车间的机修车间厂房改造而成（图2-12-18）。保留建筑结构与内部空间，只对外立面进行改造。在厂房东侧增设表演

（a）主立面

（b）侧立面

○ 图2-12-17　学生餐厅改造

（a）主立面

（b）侧立面

（c）室内空间

○ 图2-12-18　大学生活动中心改造

舞台、控制室，配置灯光音响、幕布系统等设施。室内墙、柱、梁面用隔声吸声材料装饰，屋面吊顶以满足隔声吸声和舞台灯光效果为目的，采用铝扣板、铝格栅装饰。建筑外观保留了原工业厂房的形状，设明框铝合金玻璃幕墙增加采光面积，同时改善厂房的外观立面。

（4）图书馆。图书馆是利用一轧车间西段加热炉附跨的空间结构特点，进行灵活划分改造而成（图2-12-19）。室内部分采用钢结构加层，部分空间保持原厂房结构的高度。入口门厅和主阅览室为通高形式，建筑西侧划分上下两层，为电子检索、现刊阅览和办公库房，由门厅台阶和建筑南立面外挂钢架楼梯联系垂直交通。厂房屋顶侧向天窗、玻璃与混凝土梁柱的立面构成，为图书馆提供充足采光，并避免阳光直射。

屋盖系统加固改造后全部外露，天窗更换玻璃后继续保留。室内设宽敞楼梯保证二楼夹层部分的交通。外墙立面在钢框架上连接横向角钢作为轻质墙板的安装龙骨，采用轻质墙板悬空安装。基于外墙防水和轻质的要求，墙面材料选用泰柏板，安装固定后，板面抹灰，形成带筋抹灰层，具有较高的强度。在外墙墙裙部分为横向透明条窗，墙面纵向亦设通高条窗。宽窄不一的阳光射入图书馆室内，光影交错，形成了一道独特的景观。

建筑整体形象简洁明快，既有现代建筑的设计感，又体现着工业建筑的美学特征。建筑南端的方形大体块列柱，一方面与建筑形体的设计语言相呼应，另一方面也与附近的高大砖砌烟囱相协调。保留的旧烟囱作为厂区的典型构筑物，点明了地块的历史属性，是校区记忆的触发点。

（a）入口　　　　　　　　　　　　（b）主立面　　　　　　　　　　　　（c）室内空间

◎ 图2-12-19　图书馆改造

2.13

项目名称：广东中山岐江公园

项目地址：中山一路与西堤路交叉口附近

项目委托：中山市政府

设计单位：北京土人景观规划设计研究所、

　　　　　北京大学景观规划设计中心

改造前用途：粤中造船厂

改造后用途：公园

占地面积：11hm²，水面 3.6hm²

建筑面积：3000m²

始建时间：1953 年

改造时间：2001 年

岐江公园位于广东省中山市区中心地带，总面积 11hm²，东临岐江河，西与中山路毗邻，南依中山大桥，北邻富华酒店，东北方向不远处是孙文西路文化旅游步行街和中山公园，再向北是逸仙湖公园。岐江公园原址为粤中造船厂，设计强调足下的文化与野草之美，很好地融合了历史记忆、现代环境意识、文化与生态理念，不仅是中国近代史的生动记忆，也是中山市民往常生活的工业时代再现。公园设计的主导思想是充分利用造船厂原有植被，进行城市土地的再利用，建成一个开放的、能反映工业化时代文化特色的公共休闲场所。围绕这一主题，突出历史性、生态性

○ 图 2-13-1　岐江公园在中山市的位置

和亲水性三大特色，是我国首个城市公园和产业用地相结合的优秀范例（图 2-13-1 ～图 2-13-4）。

2.13.1　场所解读

新中国成立后，广东省政府决定建设五大船厂，分别位于粤东的汕头、粤西的阳江、海南的文昌、广西的北海和粤中的中山。粤中造船厂创建于 1953 年，1954 年 7 月 1 日建成投产，是中山工业的象征之一。船厂初期有 200 多人，鼎盛时期有 1500 多人，8 个室内造船车间。20 世纪 80 年代粤中造船厂开始走下坡路，1987 年由省属企业下放为市属企业，船厂昔日

位于郊区的厂址，已逐步变成了市中心。1995年，粤中造船厂启动异地搬迁计划，但由于经营不善及整个造船业不景气，出现连年严重亏损，1999年全面停产关闭。

从1953年到1999年，粤中造船厂走过了由发展壮大到停产的历程，它曾是中山解放后第一家国营工业大厂，见证了中山工业化的进程，创造了中山工业史上的辉煌，记录了一代社会人的情感，成为这个城市记忆中的一个重要部分。建成后的岐江公园与城市融为一体，没有围墙，没有隔阂，一条蜿蜒的溪流成为公园与城市的边界，互相渗透，共享河岸。作为中国首个工业遗产保护成功案例的主题公园，以公园的形式把走过46年历史的粤中造船厂保留下来，反映了中山这个城市从农业文明、工业文明到生态文明的发展进程。图2-13-5为该厂平面图。

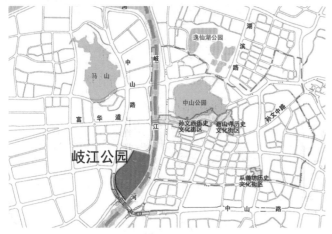

○ 图2-13-2 岐江公园与周边城市关系

○ 图2-13-3 岐江公园现状卫星图片

○ 图2-13-4 岐江公园周边用地规划图

2.13.2　资源现状

作为一个有着近半个世纪历史的旧船厂，粤中造船厂倒闭时除了大部分有用的机器被卖掉以外，厂区内留下了大量具有景观价值的东西：从自然元素上讲，场地上有水体，有许多古榕树和发育良好的植物群落，以及与之互相适应的环境和土壤条件。从人文元素上讲，场地上有多个不同时代船坞、厂房、水塔、烟囱、龙门吊、铁轨、变压器及各种机器，甚至水边的护岸，厂房墙壁上的"抓革命，促生产"的语录。正是这些东西使得船厂具有强烈的场所意义和历史文脉感。

（1）体现工业化时代的普遍性的含意。工业化时代强调用机器代替人力，强调机械性（机械的动力和结构）；强调把复杂事物及工序的分析和化解为简单的一对一结构与功能关系。因此，设计中将高度提炼一些工业化生产的符号包括铁轨、米字形钢架、齿轮、甚至一些具体的机器，如厂区中原有的压轧机、切割机、牵引机等机器，在公园的形式上也充分体现工业化时代的特色。

（2）体现中国20世纪50～70年代工业化的时代特色。这一时代明显带有生产与政治斗争相混合的特点，是极富有时代特色的一个阶段，以群众运动、阶级斗争、个人崇拜等为特点。因此，在设计上充分提取车间中仍然保留的形式符号，如领袖像、标语、口号、宣传画等，以创造一种历史的氛围。

（3）体现造船、修船的特色。以船为主题，在公园的形式和功能上予以充分的表达，形成另一层面上的特色。

岐江公园合理地保留了原场地上最具代表性的植物、建筑物和生产工具，运用现代设计手法对它们进行了艺术处理，诠释了一片有故事的场地，将船坞、骨骼水塔、铁轨、机器、龙门吊等原场地上的标志性物体串联起来记录了船厂曾经的辉煌和火红的记忆，形成一个完整的故事。

2.13.3　场所改造

（1）改造定位。岐江公园由于原厂址残破败落，不存在完整意义的工业遗产保护，只可能走再生和利用的途径，但是时间和场所的特质不是被消解，被平面化，而是通过对比强化、场景再现、抽象提炼等多种手法立体化、多层化。以生态植栽、装置语言的应用、特定工

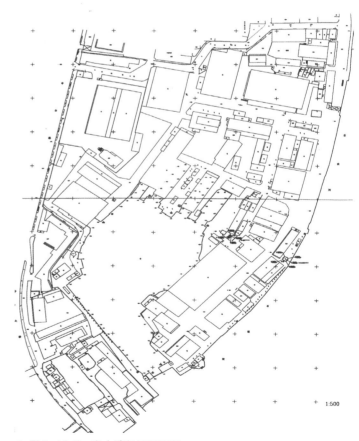

○ 图2-13-5　粤中造船厂平面图

业素材的再构成组合、广义雕塑等形成人文涵义丰富而且当代设计美学特征明确的公共空间。

（2）设计思路。在设计思路上，设计人员选择了现代西方环境主义、生态恢复及城市更新的思路，将公园中最能表现原场地精神的物体最大限度地保留了下来，运用现代设计手法对它们进行艺术再加工，赋予新的功能和形式，实现了再利用。

① 设计一个延续城市本身建设风格的主题公园，以其功能性的文化内涵，满足当地居民的日常休闲需要，吸引外来旅游者的目光。

② 设计一个展现城市工业化生产历程的主题公园，记录城市在中国近代历史与发展中的工业化特色。

③ 设计一个充分利用当地自然资源的主题公园，以绿化为主体，以改善生态为目的，融最新环保理念于一体的精神乐园。

（3）设计原则。为了具有时代特色和地方特色，反映场地历史的能满足市民休闲、旅游和教育需求的综合性城市开放空间，使之成为中山市的一个亮点，设计强调以下几条原则。

① 场所性原则：设计体现场地的历史与文化内涵及特色。

② 功能性原则：满足市民的休闲、娱乐、教育等需求。

③ 生态性原则：强调生态适应性和自然生态环境的维护和完善。

④ 经济性原则：充分利用场地条件，减少工程量，考虑公园的经济效益。

（4）改造过程。1996年中山市政府更新改造旧城，因该厂位于岐江河东岸的商业繁华地段，破旧不堪的厂房严重影响城市总体环境景观质量，中山市政府决定将其拆迁，建设成一个公园。1999年，市政府投资9000万元进行公园建设，进行景观设计、施工。2000年8月开始动工建设，2001年10月公园主体建成并对公众开放。图2-13-6为该厂改造前场景。

2.13.4 总体规划

（1）总体布局。公园总体分为南北两部分。北部景观衔接中山繁华街区，具有明显的城市文化脉络，园内主要大型景点均在此区，如红盒子、船坞、烟囱、柱阵、铁轨等，集中体现公园景观设计文化内涵。南部为自然式疏林景观。南北两区由水体相接。因保护基地原有古

（a）俯瞰照片1　　　　（b）俯瞰照片2

（c）船坞照片1　　　　（d）船坞照片2

○ **图2-13-6** 粤中造船厂改造前场景

榕树与河道排洪之需，原基地东侧设平行内渠与岐江贯通，既满足岐江80m排洪宽度，又保护了原基地临江的古榕树，形成江外有江的景观。公园除东面濒水，西、南、北三面各有一个出口。图2-13-7为岐江公园总体规划方案图，图2-13-8为岐江公园总体鸟瞰图。

（2）水体分布。公园湖水与岐江相接为自然活水，约占公园总面积的35%。公园西北部边界设溪流，以自来水为水源，设计水平面1.9m，不受岐江水位变化和水质污染影响。公园南部设计蛇形莲池，内养莲花，上设栈桥，旁植柳树，草绿堤岸。

（3）道路系统。沿公园有主环路贯通，满足消防及公园管理行车要求，平时不通车。公园北部步行道呈五角形分布，以两点之间距离直线最短原理设计，形成简洁直线路网，连接主要节点景观。南部自然式疏林景观也大致呈直线道路。园路按宽度和功能分三级：一级路4.5m，二级路2.2m，三级路1.7m。道路铺石以花岗岩为主。

（4）广场。公园西、南、北入口处各有小型城市广场，园内中山美术馆前亦有广场作为功能活动区。

（5）绿植选择。园内以中山常见植物种植，或组团或孤植如榕树、英雄树、凤凰树、葵尾、龟背竹、青竹、棕榈、柳树、荷、莲、象草、白茅草等。公园除东面临水及各出口外，西面、南面、北面以茂密绿植组成天然绿墙环绕公园，形成公园空间整体围合。园内道路节点与绿植之间，以成片草坪过渡。

（6）驳岸。驳岸分三种，即自然式驳岸、梯田栈桥驳岸、水泥驳岸。

2.13.5 景观改造设计手法

（1）保留

① 自然系统和元素的保留。水体和部分驳岸都基本保留原有形式，全部古树都保留在场地中，为了保留江边十多株古榕，同时要满足水利防洪对过水断面的要求，而开设支渠，形成榕树岛（图2-13-9）。

② 构筑物的保留。两个分别反映不同时代的钢结构和水泥框架船坞

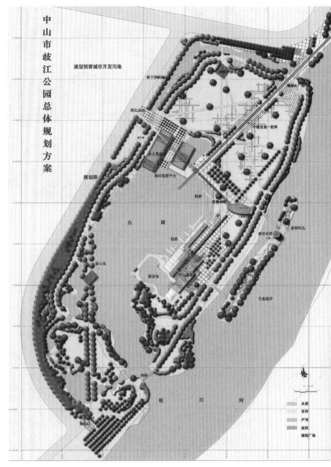

○ 图2-13-7 岐江公园总体规划方案图

○ 图2-13-8 岐江公园总体鸟瞰图

被原地保留。一个红砖烟囱和两个水塔，也就地保留，并结合在场地设计之中（图 2-13-10）。

③ 机器设备的保留。大型的龙门吊和变压器，许多机器被结合在场地设计中，成为丰富景观空间结构的、独特的重要艺术设计元素（图 2-13-11）。

（a）古榕树

（b）榕树岛

○ 图 2-13-9　古榕树的保留

○ 图 2-13-10　船坞的保留

（a）机器零件

（b）变压器

（c）船坞中的龙门吊

○ 图 2-13-11　机器设备的保留

（2）再利用

① 船坞的再利用设计。在保留的钢架船坞中抽屉式插入了游船码头和公共服务设施，使旧结构作为荫棚和历史纪念物而存在。新旧结构同时存在，承担各自不同的功能，形式的对比是过去与现代的对白。

② 琥珀水塔的再利用设计（图2-13-12）。一座20世纪50、60年代的水塔，再普通不过，无论从历史和美学角度都不值得珍惜，但当它被罩进一个泛着现代科技灵光的玻璃盒后，却有了别样的价值。时间被凝固，历史有了凭据，有了新的功能，细心的造访者还会注意到这一琥珀水塔的生态与环境意义，其顶部的发光体利用太阳能，将地下的冷风抽出，以降低玻璃盒内的温度，而空气的流动又带动了两侧的时钟运动。

③ 铁轨的再利用设计（图2-13-13）。工业革命以蒸汽和铁轨的出现为标志。铁轨也是造船厂最具有标志性的景观元素之一。新船下水，旧船上岸，都借助铁轨的帮助。铁轨使机器的运动得以在最小阻力下进行，却为步行者提出了挑战。而正是在迎对这种挑战的过程中，人们找到了乐趣，一种是跨越的乐趣，另一种是寻求挑战和不平衡感的乐趣。这种乐趣也反映了人性之所在。

④ 烟囱和龙门吊的再利用设计（图2-13-14）。一组超现实的脚手架和挥汗如雨的工人雕塑被结合到保留的烟囱场景之中，戏剧化了当时发生的故事，龙门吊的场景处理也与此相同。富有意义的是，脚手架与工人的雕塑也正是公园建设过程场景的凝固。

⑤ 机器及部件的再利用设计（图2-13-15）。除了大量机器经艺术和工艺修饰而被完整地保留外，大部分

（a）日景　　　　　　　　　　　（b）夜景

○ 图2-13-12　琥珀水塔的再利用

（a）轨道与工业雕塑　　　　　　（b）轨道与绿化景观

○ 图2-13-13　轨道的再利用

（a）保留的烟囱与雕塑　　（b）广场上的龙门吊　　（c）龙门吊下的情景雕塑

○ 图2-13-14　烟囱和龙门吊的再利用

机器都选取部分机体保留，并结合在一定的场景之中，一方面是为了儿童安全考虑，另一方面则试图使其具有经提炼和抽象后的艺术效果。

（3）再生

① 骨骼水塔的再生设计（图2-13-16）。不同于琥珀水塔的加法，场地中的另一个水塔则采用了再生的设计手法：构思是剥去其水塔的水泥外衣，展示给人们的是曾经彻底改变城市景观的基本结构——线性的钢筋和将其固定的节点，它告诉人们，无论工业化的城市多么丑陋，或多么美丽动人，其基本结构是一样的。这一设计是对工业建筑的戏剧化的再现，从而试图更强烈地传达关于本场所的体验。事实上，因施工过程中发现该水塔原结构存在安全问题，不能完全按设计构思处理旧水塔，最终作品为按原大小重新用钢材设计制作。

② 直线路网的再生设计。这种新的形式彻底抛弃了传统中国园林的形式章法以及西方形式美的原则，表达了对大工业，特别是发生在这块土地上的大工业的理解。直线路网满足了现代人的高速与快捷的需求和愿望，使新的形式有了新的功能，同时传达了场地上旧有的精神（图2-13-17）。

③ 红色记忆（静思空间）的再生设计。用什么形式能装下这块场地上那段时间里曾经发生的故事？又能用什么形式来传达设计者在这块土地

○ 图2-13-15　保留下来的机器部件

（a）远景　　　　　（b）中景　　　　　（c）近景

（d）仰视

○ 图2-13-16　骨骼水塔

○ 图2-13-17　直线路网

上的感受？一个红色的盒子，含着一潭清水。用它的一角正对着入口，任两条笔直的道路直插而过，如锋利的刀剪，无情地将一个完整的盒子剪破。其中一条指向"琥珀水塔"，另一条指向"骨骼水塔"。图 2-13-18 是红色记忆与两个水塔的对景关系。

④ 绿房子的再生设计。模数化的工业产品和设计，被用于户外房子的设计时，却产生了新的功能，绿房子——一些由树篱组成的 5m×5m 模数化的方格网，它们与直线的路网相穿插，树篱高近 3m，与当时的普通职工宿舍房子相仿。围合的树篱，加上头顶的蓝天和脚下的绿茵，为寻求私密空间的人们提供了场所。但由于一些直线非交通路网的穿越，又使巡视者可以一目了然，从而避免不安全的隐蔽空间。这些方格绿网在切割直线道路后，增强了空间的进深感，与中国传统园林的障景法异曲同工（图 2-13-19）。

⑤ 语言与形式。从场地现状中寻找设计语言与格式，公园中一些必要的景观，休息场所、桥、户外灯具，栏杆甚至铺地灯都试图用新的语言来设计新的形式，其语言都更多来源于原场地的体验和感悟，目的都是在传达对场所精神显现的同时满足现代功能的需要，包括铁栅涌泉、湖心亭、白色柱阵、不锈钢铺地、方石雾泉及栏杆等。图 2-13-20 为充满工业气息和设计感的景观设计。

⑥ 乡土植物群落的再生设计。利用乡土树种，基调树包括大叶榕和棕榈科植物。水边和草地上大量配置乡土植物群落，形成可持续的生态群落。大量使用野草是本公园种植设计的一大特色，通过繁茂的乡土野草与精致的人工环境相对比，旨在营造场所的历史与生态氛

（a）入口

（b）内部　　　（c）水塔

○ **图 2-13-18　红色记忆与两个水塔的对景关系**

○ **图 2-13-19　绿房子**

围，传达一种关于自然与生态的美学观念和伦理：自然与生态是美的，但并不是最美的，设计使之变美。万紫千红的园艺花卉是美的，但野草也同样是很美的。图 2-13-21 为公园内的植物绿化。

（a）白色柱阵　　　　　　　　　（b）铁栅涌泉　　　　　　　　（c）方石雾泉　　　　　　　　（d）湖心岛

○ 图2-13-20　充满工业气息和设计感的景观设计

○ 图2-13-21　公园内的植物绿化

○ 图2-13-22　船坞内的游船码头

2.13.6　旧厂房建筑的再生与改造设计

（1）西部船坞改造为游船码头和游艇俱乐部。西部船坞在粤中造船厂倒闭前是造船车间，也是新船下水的地方，平时也可以停船，船厂倒闭后，船坞内的机器和设备被撤走，只剩下结构框架。而作为城市开放空间的歧江公园有个小内湖，平时可供游人划船、亲水。而这个湖面有与歧江相连，在这样的空间中，正好缺少一个停船的码头，所以，将这个船坞构架利用起来，既节省了不少资金，又保留了船厂的历史文脉。设计时，保留原有的钢构件，将其翻新涂漆，然后把两个船坞中间打通，形成一定的公共空间，使两个船坞成为一个整体。图2-13-22为船坞内的游船码头。

（2）东部船坞改造为美术馆的再生设计。中山美术馆位于歧江公园的核心地带，由东部船坞改造而成，是中山历史上第一个美术馆，主要有收藏、展示、游览、教育、研究和交流六大功能。美术馆主体建筑2层，建筑面积2500m²，采用钢结构形式、铁青色钢架和柠檬黄墙壁，以及大幅的落地玻璃，充满现代美学和工业元素。

美术馆室内改造设计中，以充分体现中西文化交汇的沿海文化和岭南文化为出发点，运用铁青色和柠檬黄这两种美学上对比最强烈的色彩作为美术馆的主色调，内部空间实用、可变，现代感强。图2-13-23为中山美术馆外部，图2-13-24为中山美术馆室内，图2-13-25为中山美术馆平立面图。

2.13.7 经验与遗憾

岐江公园是我国城市对工业旧址加以景观化处理达到更新利用的一个成功典范，有很多成功经验值得借鉴，主要有以下几个方面。

① 水位变化滨水地段的栈桥式水际设计；② 江河防洪过水断面拓宽采用挖侧渠而留岛的设计；③ 废弃产业用地元素的保留、改造和再利用的设计。

岐江公园的建设也有以下几点遗憾。

① 对场地的废旧因素利用的尚不够充分；② 对原有丰富的生态环境没能完全保留；③ 骨骼水塔和中山美术馆因安全原因重建，失去了环境与建筑再利用的意义；④ 为了迎合大众的审美趣味需要，在公园设计中加入一些不和谐的景观元素。

（a）入口

（b）连廊

○ 图2-13-23 中山美术馆外部

（a）一层空间

（b）二层空间

○ 图2-13-24 中山美术馆室内

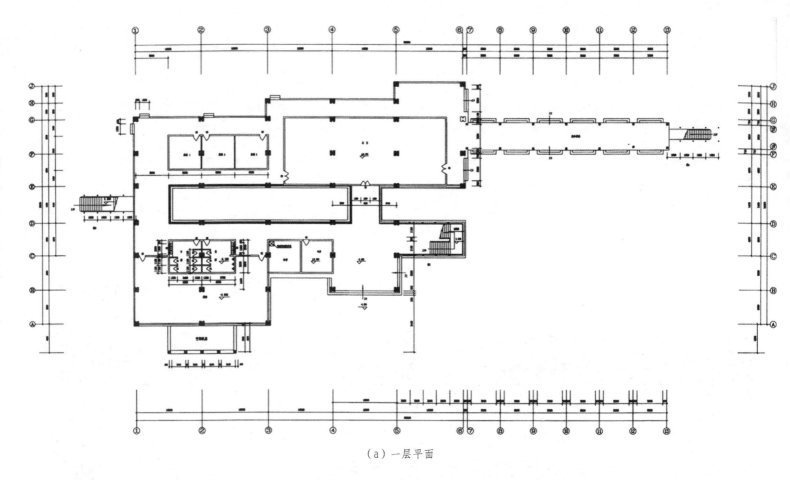

（a）一层平面

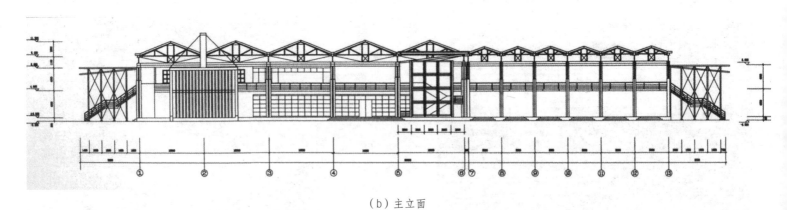

（b）主立面

○ 图 2-13-25　中山美术馆平立面图

2.14

项目名称：黄石国家矿山公园（大冶铁矿区）

项目地址：湖北省黄石市铁山区

业主单位：武钢集团大冶铁矿

改造前用途：大冶铁矿

改造后用途：国家矿山公园

占地面积：23.2km²

始建时间：1890 年

改造时间：2005 年

黄石国家矿山公园（简称矿山公园）位于湖北省黄石市铁山区境内，是全国首批、湖北省首座国家矿山公园，占地面积 23.2km²，分设大冶铁矿主园区和铜绿山古矿遗址区。著名的汉冶萍煤铁公司的"冶"即指大冶铁矿。大冶铁矿露天采场历经百年开采，现已形成一个台阶状深凹矿谷，东西长 2200m、南北宽 550m、落差 444m、坑口面积 118hm²，被誉为亚洲第一高陡露天采坑。2005 年 7 月，以大冶铁矿区、铜绿山古铜矿遗址区组成的"一园两区"黄石国家矿山公园，经国家矿山公园评审委员会评审通过，成为我国首批 28 个国家矿山公园之一（图 2-14-1 ~ 图 2-14-3）。

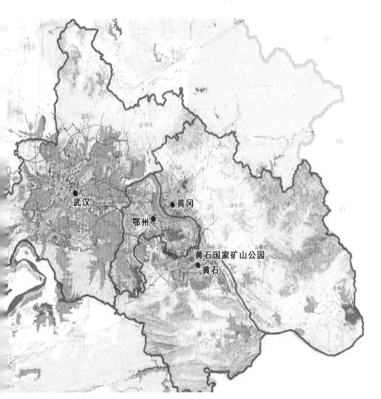

○ 图 2-14-1 黄石国家矿山公园在武鄂黄黄区域中的位置

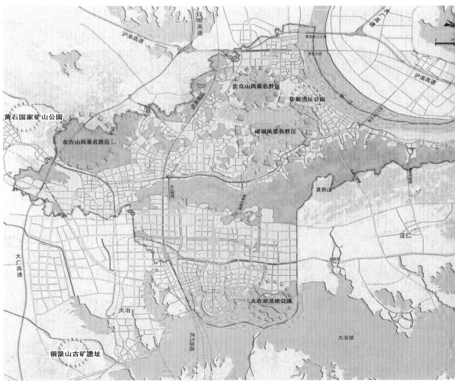

○ 图 2-14-2 黄石国家矿山公园在黄石市域中的位置

175

2.14.1　场所解读

（1）发展历史。大冶铁矿具有深厚的文化底蕴，于三国·吴·黄武五年（公元226年）开始开采，迄今已有1700余年的历史，历经古代开采、近代开采、日本掠夺、重建开采和深部开采五个历史阶段，悠久的历史为世人留下大量珍稀的矿业生产足迹和厚重的矿冶文化。吴国孙权在这里造过刀剑，隋炀帝杨广在这里铸过钱。1890年，湖广总督张之洞在这里兴办钢铁开采企业，引进西方先进设备、技术和人才，建成中国第一家用机器开采的大型露天铁矿。大冶铁矿的发展历史成为中国近代钢铁工业曲折发展的缩影。1000多年以来，大冶铁矿为国家的建设也做出了巨大的贡献，自投产以来，大冶铁矿累计产矿1.16亿吨，素有"武钢粮仓之称"。但进入20世纪90年代，大冶铁矿山年产矿量逐年减少，资源濒临枯竭。

（2）场所特点。大冶铁矿的采矿史可以追溯到三国时期，采矿业在近代尤其繁荣。大冶铁矿是中国第一家用机器开采的大型露天铁矿，也是张之洞推行洋务运动唯一保留下来且仍在正常运作的矿区。日本占领大冶铁矿之后进行了疯狂的掠夺，矿产资源遭到了前所未有的破坏，因此大冶铁矿也成为日本帝国主义大肆掠夺我国资源的见证。1958年9月15日，毛泽东主席登上铁山矿区视察，对矿山的建设和矿产资源的综合利用做出了一系列重大指示，并留下了翔实的文字、图片和实物资料。大冶铁矿是一代伟人毛泽东视察过的唯一一座铁矿山。新中国第一支大型地质勘探队——429地质勘探队在这里成立，中国第一批女地质队员在这里诞生。这些重大历史事件给矿区留下了丰富的历史和人文资源，为公园的景观塑造和意境营造提供了基础。

（3）功能转型。为实现大冶铁矿的可持续发展，矿山人民决定挖掘其自身悠久的历史文化，展示其丰厚的文化底蕴，同时，将其独特的自然地质条件充分利用起来，加上亚洲第一矿坑，亚洲第一硬岩复垦林的独特景观条件，共同打造出一个以采矿工业遗迹为核心的高品质的国家矿山公园，使其成为黄石市风景旅游系统的重要组成部分，为打造黄石市矿冶历史文化名城奠定坚实的基础。矿山公园建设按照"总体规划、分步实施、滚动投入、合作开发"的总体思路，兴建了大冶铁矿博物馆、主席视察巨型雕像、矿山公园主碑、工业博览园等一批工业旅游景点和标志性景观。经过近两年的建设，以大

○ 图2-14-3　黄石国家矿山公园现状卫星图片

冶铁矿为主园区的黄石国家矿山公园于 2007 年 4 月 22 日正式开园。该公园是全国第一家正式开园的国家级矿山公园，被评为全国工业旅游示范点。

2.14.2 资源分析

（1）矿产地质遗迹。由于地质活动，大冶铁矿形成了具有很高观赏价值的矿产地质遗迹：① 岩浆热动力变形变质遗迹，总揭露面积 6 万平方米，大理石形成的条带状构造、柔流褶皱作用下形成的"香肠石"等，都是十分独特并且极具观赏价值的地址遗迹景观；② 大冶灰岩标准地层剖面遗迹，展现了高达 150m 的完整剖面，不仅雄伟壮观，且具有磅礴的气势，也是具观赏价值、科研和科普价值于一身；③ 大冶铁矿在我国五大成因铁矿中富矿总储量排名在全国位居首位，而且它曾经是向我国第二钢都供应原料的基地，所以它的地质条件还反映了铁矿的成矿特征，对找矿也具有指导意义。

（2）矿业生产遗迹。矿业生产遗迹包括露天和井下两部分。

① 露天采矿场。1951 年开始地质勘探，1955 年 7 月动工基建，1958 年 7 月 1 日正式投产，2003 年露天开采结束，大冶铁矿转入地下开采。经过 40 多年大规模的机械开采，露天采场形成了一个巨大的漏斗形深凹矿坑，开采最高标高 276m，最低标高 -168m，最大深度 444m，形成了世界第一高陡边坡。"漏斗"上部面积为 118 万平方米，底部面积为 8150m^2。图 2-14-4 为矿山公园遗留的采矿坑。

巨大的人造高陡边坡被誉为"亚洲第一天坑"（图 2-14-5），气势恢弘、壮丽雄伟，充分展示了矿区辉煌的百年历史，其特有的历史文化景观具有较高的科研科普价值和游览观光价值，属于珍稀级矿业生产遗址，是矿山公园的核心景观要素。

② 井下采矿设施。井下采矿作业的提升运输系统、井巷支护工程中错综复杂的巷道，在矿山公园的建设时可以利用起来，让游客深入到巷道中去参观游玩，不仅可以纳凉避暑，还能体会采矿工程的浩大；另外，大冶铁矿的选矿厂回收利用贵重金属，具有先进的工艺流程，可以供游人参观和参与。

（3）矿业活动遗迹。图 2-14-6 为井下矿业开采遗迹。大冶铁矿还保存有各时期代表当时国内外先进技术的矿业设

◎ 图 2-14-4 矿山公园遗留的采矿坑

◎ 图 2-14-5 "亚洲第一天坑"

（a）井下巷道

（b）古矿风情

◎ 图 2-14-6 井下矿业开采遗迹

备。有各类测量探矿设备、采矿设备、选矿设备等机械化矿山生产的主力设备（图2-14-7、图2-14-8），保存状况良好，可以完全再现其工作状态，这些矿业活动遗迹，为游人呈现出矿业生产活动的历史，具有很高的研究与教育价值，且具有较好的观赏性。利用矿业活动遗址模拟生产项目还可使游人从中体验到生产的艰辛，令游人在参与生产活动中获得知识。丰富的矿业活动遗址为矿山公园提供了开展独具特色的观赏及参与项目的机会。

（4）景观植被资源（图2-14-9）。从20世纪80年代开始，为了改善生态环境，矿区以科技为先导，探索如何在硬岩废石场不覆土条件下进行复垦，通过多年的实践和探索，种植刺槐树获得成功。至2004年，矿区复垦面积已经超过326万平方米，占需要复垦总面积的65%以上。此举为全国首创，是人与自然和谐发展的典范。作为亚洲最大的硬岩复垦基地，矿区具有极高的观赏性、生态环境研究和科普教育价值，属于珍稀级矿业生产遗址。

2.14.3 场所改造

（1）功能定位。矿山公园是以保护历史遗迹和可持续发展为前提，以历史文化背景为底蕴，以矿业遗迹为特色，充分展示具有数千年悠久历史的中国矿业文化，为人们提供一个集旅游、科学活动考察和研究于一体的场所。通过规划总体布局，使公园成为环境清新、内容丰富高雅、可以满足人们求新、求知、求趣旅游需求的旅游目的地；通过恢复矿山生态环境，实现人与自然和谐共处，体现共同发展的主题。

（a）槐树

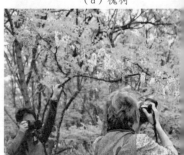

（b）槐花节

◎ 图2-14-7 采矿设备　　◎ 图2-14-8 机器设备展示　　◎ 图2-14-9 景观植被资源

（2）规划理念

① 以恢复生态环境为基础。恢复矿山公园的生态环境，合理种植适合当地生态和气候的植物、草被，丰富动物物种，再现怡人的自然生态景观，创造良好的游览环境。

② 以体现矿山文化为内涵。保护矿区内的历史文化遗迹，包括挖掘工具、矿坑遗址以及采矿方式等历史遗产，尽可能多的提供不同角度的景观点，力求将大冶铁矿独特的矿业文化风貌向游人展现出来。

③ 以景观塑造为设计重点。矿山公园设计中突出景观要素，如充分利用矿坑遗址打造恢宏的矿冶景观。景区设置、景点命名、建筑形式、雕塑小品都力图体现矿山生态恢复的主题（图2-14-10）。

（3）总体规划。在深入挖掘基地内矿业遗迹及其景观价值的基础上，以保护矿业遗迹为前提，规划对矿山公园进行了总体布局。大冶矿区分为两大景区：汉冶采坑观光区和复垦生态观光区。其中，汉冶采坑观光区为一期，它包括入口区、矿冶博览区、日出东方和采坑遗址四个景区，以展示和观赏为主。复垦生态观光区为二期，它包括百草石锅、幽居营宿、悠境探寻、枫之谷上、绝顶览山和复垦荣光六个景点，除了展示和观赏外，还利用现有厂房及周边场地进行了不同项目的设置，吸引游客做较长时间的停留。图2-14-11为矿山公园总体功能分区图，图2-14-12为矿山公园导游图。

○ 图2-14-10　小广场上的雕塑

图例

■ 入口区
■ 矿冶博览区
■ 日出东方景区
□ 采坑遗址
■ 复垦生态林区

○ 图2-14-11　矿山公园总体功能分区图

观，同时能使人们增长矿业知识。采用镂空景观墙、石景、反映矿冶主题的雕塑等元素，配合绿化，反映了矿区的采矿特色、挖掘文化和生态复原思想。另外，规划在广场一侧原有的铁轨上放置火车头，营造出浓厚的工业氛围，再现历史。入口区景观如图 2-14-13 所示。

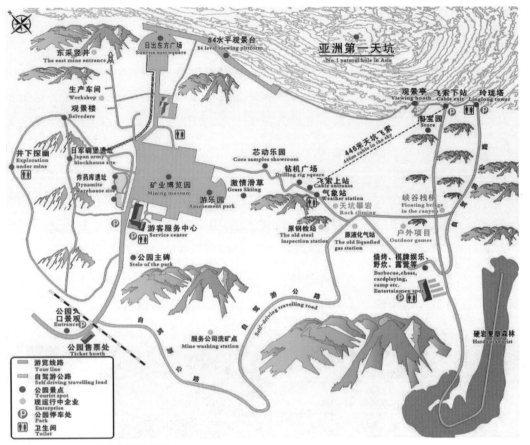

◎ 图 2-14-12　矿山公园导游图

矿山公园的景区依照自然地形地貌布局，利用现有的野生植被，以自然景观为"底"，人文景观为"图"，公园小品的布置和空间环境的设计等都是建立在人工视觉学的基础之上，力求使游客欣赏景色时能轻松在公园内找到一个最佳的视觉景观点。

2.14.4　汉冶采坑观光区

（1）入口区。入口区以生态和文化为主题，将矿区内开采的主要矿石作为景石加以利用。不同的矿石因具有不同的颜色和质感，可搭配适合的植物形成良好的景

（2）矿冶博览区。该区以不同时期的采矿机械设备展示为主题，通过运矿汽车、电机车、电铲和斜钻等集中展示，体现出不同时期矿械设备的更新与发展。这些设备包括苏制爬犁机、美国 50B 重型矿用汽车、日本大功率产运机及国产矿用汽车、压轮钻、坦克吊等，代表了当时生产力发展水平，展现了矿山漫长的矿冶历史（图 2-14-14）。

（3）日出东方景区。以"观壮景、怀伟人"为主题，在日出东方广场中央，以毛泽东视察大冶铁矿的形象雕塑为主景观，展示当年伟人视察时的豪迈形象。高 9.15m、重 59.8t 的毛主席像，"手托铁矿石"的造型为全国唯一。在毛主席巨型雕塑后方文化墙上，通过叙事浮雕、玫瑰花等景观元素的设置再现历史场景，利用矿坑作为该景

点的背景，使人们由此观看到矿坑作业的景象，缅怀历史，以形成整个景观序列的高潮（图2-14-15）。

（4）矿冶峡谷区（采坑遗址）。矿冶峡谷为矿山公园核心景观，进行原貌保留展示（图2-14-16）。设置不同的观赏点，在日出东方、枫之谷上、绝顶览山等景点均可观赏到其恢宏的场景。通过不同视点观赏到的矿坑各具特色，从而可使游人获得不同的观景感受。在这些景点中，规划还通过设置广场、色叶树林、观景楼等，并采用借景的手法，实现交互观景。矿冶峡谷四

（a）公园入口

（b）矿石成为入口区重要的景观元素

（c）入口火车头

（d）公园主碑

○ 图2-14-13 入口区景观

（a）全景照片

（b）采矿设备

（c）矿用汽车

（d）矿山挖掘机

○ 图2-14-14 矿冶博览区景观

（a）毛泽东雕像

（b）保留下来的矿井架

（a）矿冶峡谷

（c）浮雕墙1

（d）浮雕墙2

（b）观景平台

（c）观景栈道

○ 图2-14-15 日出东方景区

○ 图2-14-16 矿冶峡谷景区

周新建了一条长1800m的栈道，其中数段从巨石中开凿。站在栈道上，可"极目采坑舒"，乘坐横架采坑两侧的缆车，俯视亚洲第一大露天采坑，感叹人类利用自然、战胜自然的伟大壮举。

2.14.5 复垦生态观光区

复垦生态观光区以人工生态林为依托，展现大冶铁矿生态开采、坚持可持续发展的理念；不仅为园区创造了良好的生态环境，还体现了矿山工人不畏艰苦进行生态治理的历史过程。基地内整齐排列的槐树长势较好，在灌木和地被植物的选择上，选取适宜在矿山种植的植物——铜草花，营造充满地域特色的景观，丰富景观层次。

规划利用原有厂房及周边场地设置百草石锅、幽居营宿、悠境探寻等景点，安排餐饮、住宿、休闲等项目；选取群山中的有利视点进行枫之谷上、绝顶览山等景点的设计，使人们能从不同方位观赏矿谷景观，并通过借景的方式实现交互观景；以亚洲最大的硬岩复垦基地为基础设计复垦荣光景点。

（1）枫之谷上。该景点的视线条件较好，离百草石锅、幽居营宿较近，便于就餐、住宿的游客前往观景。规划通过大片的枫香树林营造出了热烈的氛围，与矿区工人轰轰烈烈的工作场景相对应。待深秋时节，叶色红艳，景色美丽壮观，景点就形成了一道独特的风景（图2-14-17）。

○ **图2-14-17 枫之谷上景点**

（2）绝顶览山。规划利用制高点的有利位置，通过硬质铺地和观景楼的设置，为人们提供登高远眺的场所。人们无论是眺望不远处的景点，还是放眼陡坎式的群山，都可以获得特别的观景感受。观景楼的设计提取了矿井形态元素，对矿业遗迹内涵进行了进一步的挖掘，很好地体现了地域特色，延续了历史文脉（图2-14-18）。

（3）复垦荣光。作为典型的矿山生态环境治理工程遗址，生态复垦林不仅为园区创造了良好的生态环境，还体现了矿山工人不畏艰苦进行生态治理的历史过程。规划将其作为一个重要景点，通过木质栈道的设置将人们引入林中，使他们感受到矿区工人不畏艰苦、积极探索的精神，凸显出基地的科普价值和生态价值。

2.14.6 工业建筑遗产改造

在矿山公园的设计中，将结构坚固、质量较好的建筑保留下来进行再利用设计。主要包括百草石锅、幽居营宿和悠境探寻三个景点。

（1）百草石锅。充分利用基地内原有的厂房建筑，对大空间厂房进行适当的分隔，将其改造成餐厅，将周边

（a）望远镜

（b）硬质铺地

（c）观景平台

○ **图2-14-18 绝顶览山景点**

小空间厂房改造为厨房和其他辅助用房。不同的餐厅以"钳工班"、"采矿班"等命名，组成"矿工之家"的主题设计，使人们有机会亲身感受矿工生活。

规划还利用建筑周围的场地种植枸杞、芍药等药用植物和南瓜、玉米等四季蔬果。一方面，这些植物能够进一步烘托和表现出矿山餐饮文化；另一方面，利用这些植物不同的形态和颜色，能创造

○ 图2-14-19　悠境探寻

具有矿山生活特色的独特景观。

（2）幽居营宿。基地内原有建筑质量较好，且形成了完整的院落空间，将这些建筑进行适当的改造，可以形成住宿场所，包括客房和棋牌、会议、健身等活动室。室外设置羽毛球场，可以为矿山旅游露营者与住宿者提供丰富多彩的娱乐活动。在景点植物配置上采用各色菊花与周边建筑搭配，形成清幽、淡雅的生活气息，可获得独特的景观效果。

基地南部有一个储油罐和长势良好的香樟林，规划对其进行保留，并利用其东面的大片空地设置宿营区和烧烤区，通过设置帐篷和烧烤广场，为人们提供野外宿营空间，使人们体会到野外生存的乐趣。

（3）悠境探寻。该景点所在地原为矿区的煤气中心，现存建筑和植被条件良好。规划利用原有修车库等建筑形成茶室、休息室，将基地内现存的煤气罐、避雷针等作为景观元素加以利用；同时利用北面的空地设置植物迷宫，增添了游览乐趣（图2-14-19）。

（4）废弃工业物的利用。矿山公园的景观建设将大冶铁矿多年积累下来的永磁机、牙尖、齿条等废旧工件进行了充分的利用。公园的主碑碑座就是由废弃的钢铁工件拼焊而成，表现出材质的厚重和丰富的肌理；还有公园内大型的工业雕塑张之洞头像和女地质队员的雕塑也是由废旧工件加工而成的。废弃的矿产运输设备也进行了艺术处理，在公园内进行展示（图2-14-20）。

2.14.7　自然生态恢复设计

（1）植物种植规划。设计中对现有乔木进行整合，并分段配植各式灌木和地被植物，各段主导色彩分别为红、白、黄、紫。红色系代表植被为红花继木、杜鹃、鸡冠花；白色系代表植被

为葱兰、野蔷薇、大滨菊；黄色系代表植被为连翘、凌霄、云南黄馨；紫色系代表植物为夹竹桃、紫荆、紫茉莉、桔梗等。这样不仅丰富了植物的多样性，也丰富了景观的层次，给人以不同的景观感受。

各景区内在种植原有乡土植物的基础上（如铜草花等），还选择了一些耐贫瘠、耐干旱且有特色的植物。这有利于恢复矿山的生态环境，也突出了各个景区的景观特色。

复垦荣光景区在保留原有矿山工人种植的槐树的基础上，增加种植了铜草花、双面红继木等适合在此生存的灌木和草本植物，一方面改变单一树种植被的人工生态状况，恢复多样化的自然生态，以此形成完善的自然生态系统；另一方面，丰富植物景观的层次，创造良好的景观效果（图2-14-21）。

（2）植被的自然再生。自然再生的植被是很好的自然景观，这些植被能更好地吸引动物栖息。在公园景观设计中，充分尊重自然再生的过程，保护场地上的野生植物，创造出不同的景观特征，与植物种植规划一起重新建立起矿山公园新的生态平衡。

（a）张之洞头像

（b）大兵雕

（c）女地质队员雕塑

（d）机械零件

○ 图2-14-20　废弃工业物的利用

（a）铜草花

（b）双面红继木

○ 图2-14-21　植物种植

2.15

项目名称：2010 上海世界博览会江南公园

项目地址：2010 上海世博园区

项目业主：上海世博会事务协调局

上海市绿化和市容管理局

上海世博土地控股有限公司

设计单位：荷兰 NITA 设计集团

上海市城市建设设计研究院

改造前用途：江南造船厂（江南机器制造总局）

改造后用途：文化公园

占地面积：15.3hm²

建筑面积：9.95 万平方米

始建时间：1865 年

改造时间：2009 年

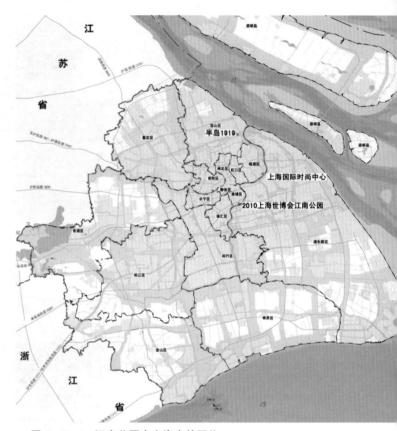

○ 图 2-15-1　江南公园在上海市的区位

　　中国 2010 年上海世界博览会（Expo 2010），是第 41 届世界博览会（简称世博会），在 2010 年 5 月 1 日至 10 月 31 日期间在上海市举行，此次世博会是由中国举办的首届世博会，也是历史上第一次以城市为主题的世博会。上海世博会会场，位于南浦大桥和卢浦大桥区域，并沿着上海城区黄浦江两岸进行布局（图 2-15-1 ～图 2-15-4）。园区规划用地范围为 5.28km²，包括浦东部分 3.93km² 和浦西部分 1.35km²，围栏区范围约为 3.22km²。园区内有江南造船厂、上钢三厂、南市电厂等大量的工业设施和厂房。

　　2010 上海世博会的理念是"城市，让生活更美好"，立足于：① 提高公众对"城市时代"中各种挑战的忧患意识，并提供可能的解决方案；② 促进对城市遗产的保护，使人们更加关注健康的城市发展；③ 推广可持续的城市发展理念，成功实践和创新技术，寻求发展中国家的可持续的城市发展模式；④ 促进人类社会的交流融合和互相理解、互相尊重。因此，在世博园区的规划中，如何在快速城市化进程中实现可持续多样化的绿色城市空间，方法之一就是充分利用浦西江南公园和浦东世博公园的核心位置优势，将其打造成缝合浦江两岸的核心景观要素。

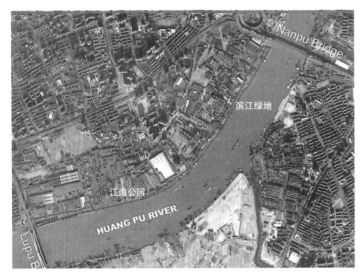

○ 图2-15-2 江南公园及滨江绿地位置

绿化结构框架图

○ 图2-15-3 江南公园在世博园中的位置

总平面图

○ 图2-15-4 上海世博会园区总体规划图

浦西江南广场公园及滨江景观绿地，北起南浦大桥，西至卢浦大桥，东临黄浦江，北侧为企业馆区；与浦东园区的世博公园和白莲泾公园隔江相对。江南公园用地面积为 15.3hm^2，基地两端狭长，中部宽阔，作为临时性项目，主要为世博会期间的集会、庆典、观演等活动提供大型场地而使用。

2.15.1 场所解读

（1）发展历史。江南公园位于江南造船厂址，前身为始建于1865年的江南机器制造总局，以生产枪炮子弹为主，辅以修造

表 2-15-1 江南造船厂的历史建筑、构筑物

名称	建造年代	历史价值
翻译馆	1868 年	中国最早的民族工业研究机构之一，工作不仅限于翻译外国文献，在机械制造和化工、冶金、机器、造船、枪炮和火药等领域的研究始终保持着国内领先地位 中国最早近代民族工业科技人才培育基地之一
国民党海军司令部	20 世纪 40 年代	最初曾经作为国民党通讯指挥部 20 世纪 40 年代后期作为国民党海军司令部
总办公楼	1940 年	这是日本占领时期建造的办公楼 当时日本三菱重工株式会社江南造船所办公楼旧址
飞机库	1931 年	为制造"逸仙号"、"平海号"等大型军舰舰载飞机而修建 这是中国第一架水上飞机制造机库
二号船坞	1872 年	它是江南制造局成立后开挖的第一个船坞 中国现存最早的现代造船工业船坞建筑 曾于 1918 年建造过"官府号"等四艘中国最早的万吨级轮船

保留建筑：
1、原国民党海军司令部
2、原飞机库
3、二号船坞
4、总办公厅
5、原翻译馆
6、造船事业部办公楼
7、原求新厂党委办公楼（红楼）
8、原求新厂设计大楼

改造建筑：
9、西区加工工场
10、西区装焊工场
11、船体联合车间
12、东区装焊工场

江南造船厂（原求新船厂）

世博会区域

黄浦江

江南造船厂

世博会区域 2

○ 图 2-15-5 江南造船厂的保留与改造建筑

船舰，并附设翻译馆、广方言馆和工艺学堂，以翻译西文书籍、培养技术人员。到 19 世纪 90 年代，它已发展成为中国乃至东亚技术最先进、设备最齐全的机器工厂，为中国最早、规模最大的集军事工业、科技研究、造船工业于一体的大型民族企业，被誉为中国的"第一工厂"。

清朝光绪 31 年（1905 年），机器制造总局的造船部门独立，称作江南船坞，辛亥革命后又改称江南造船所。1917 年，江南机器制造总局改称上海兵工厂，1937 年停办。1953 年改名为江南造船厂，1996 年改制为中国船舶工业集团公司旗下的江南造船集团有限公司。

从清朝同治五年（1866 年）建坞（今江南造船厂 2 号船坞）和沿江码头以来，历经了 1905 年、1911 年、1926 年、1968 年多次改造，这片土地历经 100 多年的沧桑巨变。江南公园基地内的工业遗产是江南制造局发展演变的历史见证，体现了中国民族工业诞生发展的百年历史，具有很高的历史价值和文化价值。厂区内与 1994 年列入上海市第二批优秀历史建筑名单的保护建筑共有 4 栋，其中包括 2 号船坞旧址，都必须原状保留。表 2-15-1 为江南造船厂的历史建筑、构筑物，图 2-15-5 为江南造船厂的保留与改造建筑，图 2-15-6 为江南造船厂老照片。

（2）场所特点。江南公园基地包含若干老建筑和船台、船坞等工业遗产，包括海军司令部、机动部车间、红楼、翻译馆、总办公楼、造船事业二部、西区加工车间、管子车间、东区焊接工厂等。1号、2号、3号船坞以及铆钉车间，基本由钢材和混凝土建造。船坞船台方向与黄浦江垂直，尺度巨大，极具重工业特色。基地内现状黄浦江岸线约2.90km，其中码头总长度约为1640m，码头总面积约为1.2hm²。

基地场地地势平坦，地坪大部分为钢筋混凝土浇筑，可堆放重型设备及船体零部件，其上铺设有塔吊等设施的轨道。沿江驳岸边有工厂的大型码头、船厂的大型船台和船坞等设施，还有越江轮渡站，其中吊塔、桁架等尺度都较大。这些构筑物带有典型的滨水工业特征，作为人类工业化过程中的记忆，都具有特定的历史文化价值。图2-15-7为江南造船厂沿江生产照片。

2.15.2 场所改造的特点

（1）遗产地保护范围的划定。在服从世博会总体规划以及展会组织等因素之下，江南公园基地现保留下来的有1号、2号、3号船坞，其中2号船坞作为上海市优秀历史建筑，根据上海相关法律法规，对其进行修缮保护，并在一定范围和条件下进行改造再利用（图2-15-8）。

（2）遗产地特征的不完整性。江南广场

（a）江南机器制造总局东大门（1871年）　（b）2号船坞（1924年）

（c）2号船坞（2006年）　（d）中国第一台万吨水压机（1961年）

○ 图2-15-6　江南造船厂老照片

○ 图2-15-7　江南造船厂沿江生产照片

○ 图 2-15-8 世博会期间的 2 号船坞

原有 2 座船台、3 座船坞，还有铆钉车间以及其他船舶工业类构筑物，是船舶制造的重要场所。但由于上位规划的高架平台正好位于船台上，把船台一分为二，同时毗邻企业馆的规划已落实在先，其中展示馆展位已出租。这样，在服从上位规划以及时间不可逆等因素之下，船台被迫拆除，铆钉车间的位置会影响组织小型庆典、室外展示、户外观演等活动，因此也被拆除。

（3）遗产地属性的可逆性。从场所的空间权属而言，江南公园的工业遗产地景观建设是暂时的，在世博会后将归还江南造船厂，继续作为厂房生产所用，设计需要统筹考虑满足会间活动安排与会后造船厂恢复船坞正常功能的使用。

（4）遗产地功能置入的特殊性。相对于上海其他大部分的工业遗产地而言，江南公园基地具有地面硬化程度高、植被稀少、地面结构构造复杂的特点。因此，对于江南公园的工业遗产保护不仅可以采用旧空间新功能置换置入的方式，同时需要考虑如何在不破坏原有大面积硬地的情况下，植树成荫，满足人们在广场上休憩的需求，从而创造软质硬质兼备的公园绿色景观。

2.15.3　改造设计理念

江南公园规划总平面图见图 2-15-9。2010 上海世博会让江南公园成为上海近现代工业文明发展的形象代言，其工业遗产的历史和文化价值被充分发掘和肯定，为工业遗产的保护奠定了坚实的基础；世博会推动江南公园由生产空间转型成为城市文化休闲展示空间，实现了工业遗产与城市现代生活的新旧共生；高度开放的世博会改变了工业生产区域封闭，工业遗产不为大众所知的状态；推动工业遗产角色的转变——从近现代工业文明的孤寂守望者转变为上海产业文化传统的亮丽传播者——为工业遗产可持续发展注入鲜活的生命力。改造前后卫星图片见图 2-15-10。

（1）从"制造"走向"创造"。整个基地属于江南造船厂厂区，场地特征鲜明。应保护场地的现状特征，并在原来的基础上加以改建利用，而不做过多的颠覆性改

1　滨江林地
2　生态步道
3　风能展示
4　太阳能展示
5　服务建筑
6　梯田船坞
7　2号船坞
8　冰船坞
9　钢架竹桥
10　庆典广场
11　绿色坡台
12　主题馆广场

○ 图 2-15-9　江南公园规划总平面图

（a）2002 年卫星图片　　　　　　　　　　　　　　（b）2013 年卫星图片

○ 图 2-15-10　改造前后卫星图片对比

造，力求延续原有场地的特征与风貌。通过多样的设计手法，把记忆保存下来，同时也创造了感受的空间，让人们与历史对话，与回忆交流。

在设计中充分发挥水资源的优势，极力发挥船坞船台的特色，同时也结合临时移动绿化，对整个基地的形态重新进行解释，为世博期间提供优质的公共活动空间。同时，运用先进的生态技术，如太阳能利用、材料循环利用、风能采集、节能材料等发挥生态效能，实现可持续发展的目的。

设计尝试采用一些可持续能源利用的示范，展示目前先进的能源循环利用、高效能源、洁净能源等领域的科技成果。如太阳能利用、风能采集、生物产能等，尽量将能源利用的新成果加以推广。基地中有船坞和船台共5个，可作为展示的舞台，结合船坞和船台的改建利用，把能源利用的新技术融合在一起，一举两得。

（2）装配式公园。浦西片区的整体规划定位，由原定的永久性项目更改为临时项目，项目的功能定位与投资额度均发生了巨大的变化，组织者面对如此巨大的变化时迅速地针对主要问题展开了重大的调整，在面对时间资金等众多的压力和限制下，2008年5月装配式公园的概念在延续原有概念的前提下浮出水面。图2-15-11为"装配式"绿化景观。

从一个集时尚科技和文化历史于一体的主题公园成功地转型为一个在世博期间装配式的打造活力激情的综合服务广场。装配的概念，体现在建筑、景观、文化三个方面，它延续了原设计"制造到创造"的概念，在原设计基础上，调整建筑景观材料为装配形式，材料绿化先行准备得以和现场施工同时进行，节省出大量的时间。考虑到临时性、世博期间的维护和会后的重组，同时衔接文化活动的需求，为后期文化活动的场地"装配"基础设施。

（3）"年轻世博"。2009年5月由世博局活动部提出了广场活动理念"年轻世博"，在"装配式公园"的设计

（a）表层覆土绿化

（b）绿化与铺地相结合，满足人流集散需求

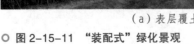
◎ 图2-15-11 "装配式"绿化景观

基础之上通过与活动的紧密结合，在有限场地植入特殊的文化活动。"育乐湾"、"船坞剧场"、"博览广场"、"水晶天空"这些活动点亮了这个项目，活动与场地共同设计打造出前所未有的"创造"。活动主要聚焦全球热点话题，对可持续发展、信息化、金融危机、创新创意产业、青年创业、公益慈善等主流文化以活动的形式表现出创意世博、快乐世博、和谐世博。"年轻世博"的节目形态，包含互动体验活动、创意巡游活动、多元舞台表演、时尚广场活动。

2.15.4 改造设计方法

江南公园设计需重视世博会间和会后的转换解决，本着因地制宜、合理变更、减少大开挖更改、避免重复建设的基本原则，采用永久建设与持续性建设相结合、合理设计与新技术新材料应用相结合两大手段进行转化。

（1）历史建筑。基地内包含以2号船坞为中心的优秀历史建筑场地，世博会后需实施保护再利用规划。因此，此次规划不对场地和历史建筑有破坏性的影响，以保护为主，兼顾再利用；实现一次规划，分期实施。此次设计中涉及历史建筑及场地，不对原有材料和结构进行破坏，只在世博会期间临时装配，改善其景观品质，同时增加活动内容，满足人群的功能需求，尽量以

简易拆卸组装设计为主，避免对其产生严重的破坏。

（2）构筑设施。本着节俭办博、生态办博的指导思想，在各种服务设施配置设计时通过对使用人数的仔细计算，将设置足够的临时服务设施及少量建筑，并与现状场地利用改造紧密结合。如现状船台下部空间的利用、现状船坞内的临时利用、结合防汛墙改建的服务设施等。参展雕塑同样渗透"装配"理念设计，采用"借展"方式体现概念——中国雕塑学会推荐并入选15件环境雕塑作品安置在江南广场东半侧区域，会后仍归还原处。图2-15-12为"装配式"雕塑。

（3）硬地。设计采用"前密后疏"的总体布局，与

（a）金属可移动雕塑1

（b）金属可移动雕塑2

（c）木质可拆装雕塑1

（d）木质可拆装雕塑2

○ 图2-15-12 "装配式"雕塑

（a）工业设施的展示

（b）绿化小品

○ 图 2-15-13　绿化及设施的保留

绿化布局互补，尽量将人流安排在场地前部、船坞和船台周围；绿化植物采用移动绿植箱来体现种植设计中的"装配"理念，从而保证历史建筑保护区域的场地特征能够被很好地保留下来，又能有足够的场地面积用于绿化，保证局部自然环境的创造。此外，为了减少造价投资，利用现状良好的混凝土地坪为基层，在其上另铺设地面材料即可。或采用干铺式铺装，减少对原场地的破坏，即使会后保护规划实施，也容易复原。图 2-15-13 为绿化及设施的保留。

（4）材料。采用可简易拆卸组装"装配"理念的设计，材料上尽量使用利于成品组装，并可二次回收利用的材料，或可再生的环保廉价材料，如合成竹材木材、U 型玻璃、人工合成木屑板、模块外墙砖、混凝土挂板等；避免使用过多的昂贵材料，如金属铝板、不锈钢、幕墙、花岗岩等。选用垂直绿化设施进行墙面装饰，减少再次改造的投资。在园路及硬地广场中采用一些低成本且方便更换的材料，如透水沥青、透水砖、透水粗砂路面、透水砾石路面、多彩石毯等。图 2-15-14 为工业主题雕塑。

2.15.5　工业遗产的复兴

江南广场的活动主题"年轻的世博"，由此体现出世博会浦西场地"未来创意"与浦东"全球经典"的差异化定位。江南公园主要接待人流的区域分布在船台广场、3 号船坞、1 号船坞和博览广场。活动节目形态分互动体验活动、创意巡游活动、多元舞台表演及时尚广场活动四种。

（1）船坞剧场。1号船坞尺寸长232m，宽40m，深12m，面积约1万平方米，是3个船坞中最大的一个。改造前是杂乱的堆场，但结构完整与侧壁状况尚佳，需要清理。借助巨型船坞底部空间，将其改建成世博园区内唯一的下沉式剧场——青少年创想主题剧场，船坞底部地面作为"观众席"，层层平台均为短期装配而成，采用轻质或可转换材料，便于会后拆除。平台下可用于休息、饮料等服务，也可作为展示、活动场地。同时，船坞剧场又是一个历史工业遗迹与现代高新技术结合的项目，让青少年在现场感受民族工业遗迹带来的震撼效果，学会尊重和保护民族工业遗产，尊重民族文化根脉。图2-15-15为船坞剧场的远景和近景。

（2）育乐湾。3号船坞尺寸长240m，宽40m，深11.3m，面积约1万平方米，改造前中底部有积水，结构完整与侧壁状况也属较好，需要一定的清理。3号船坞改造成供儿童游玩的下

○ 图2-15-14 工业主题雕塑

（a）远景　　　　　　　　　（b）近景

○ 图2-15-15 船坞剧场

沉式活动广场"育乐湾"，占地面积 2800m²，是职场体验式主题乐园，提供充分的空间让参与活动的少年儿童扮演各类职业角色，帮助少年儿童认知从自然人到社会人的转变过程。

为满足当人流进入船坞底部而保护船坞不受影响，设计将船坞底部抬高 6m，采用塑木或防腐木铺装。同时，对 3 号船坞周边留存的塔吊、桁架、轨道等这些具有典型工业文化特征的设备有效地利用——在世博会间，3 号船坞周边保留的两座塔吊用以悬挂横跨船坞的步行桥。

（3）中国船舶馆。中国船舶馆（图 2-15-16）位于浦西世博园区，它的构建两边各有一条弧线，像船的龙骨又像龙的脊梁，象征着中国民族工业坚强的精神，场馆占地面积大约 5000m²，是利用当年江南造船厂的一个旧厂房重新设计和改造的。而在原址上，140 多年前，我国第一家民族工业企业江南制造局就诞生在这里，它是我国近代船舶工业发展的一个重要里程碑。

（a）远景照片

（b）入口照片

（c）内景照片

○ 图 2-15-16　中国船舶馆

第三部分　国外著名工业建筑遗产保护与更新案例年表

❀ 英国铁桥峡谷工业旧址（1973）

位于英国施罗普郡，建于 18 世纪初，是世界上第一座铁桥，它的建成对于世界科技和建筑领域的发展具有很大的影响，是 18 世纪英国工业革命的象征。铁桥的建成带动了周边地区工业的发展，留下了一片占地面积达 $10km^2$ 的工业旧址，涵盖了 18 世纪工业革命在此地区快速发展的所有要素。旧址由 7 个工业纪念地和博物馆、285 处保护性工业建筑组成，年平均接待观众 30 万人次。1973 年在此召开了第一届国际工业纪念物大会，1986 年被列入世界遗产名录。

❀ 美国纽约苏荷（SOHO）工业区（1973）

苏荷区是 19 世纪中叶工业化时代兴起的一个工业区，1869 ~ 1895 年期间兴建了大量的以铸铁为建筑材料的厂房。第二次世界大战后，纽约市的制造业衰退，苏荷区的制造商也纷纷搬离。1973 年纽约市政府决定将苏荷区设立为历史文化保护街区，设计师们利用废弃的工业厂房，从中分隔出居住、工作、社交、娱乐、收藏等各种空间，把它们变成自己的生活空间和艺术工作室。如今，大批商业品牌开始进入纽约苏荷区，这里已演变成了高档商业中心。

美国西雅图煤气公园（1975）

西雅图煤气公园面积大约 8hm^2，位于西雅图市联合湖的北岸，与市中心隔岸相对。场地原址是华盛顿天然气公司旗下的一家煤气厂，始建于 1906 年，1956 年倒闭，1975 年改造完成。设计师尊重并利用基地现有的资源，从已有的元素出发进行设计，而不是把这些资源、元素从记忆中抹去。经过有选择的删减后，剩下的工业设备被作为巨大的雕塑和工业遗迹而保留了下来。传统的审美观念在此被完全颠覆，锐利、冰冷、锈迹斑斑的工业景观，展示着沧桑、另类的美。

加拿大温哥华格兰威尔岛（1976）

格兰威尔岛位于加拿大市佛斯河流域南岸，占地面积 14.2hm^2。该岛建于 1916 年，原是温哥华的重工业区。20 世纪 60 年代末这里已完全沦为城市工业废弃地。格兰威尔岛景观复兴项目的规划设计由温哥华豪森·拜克建筑师事务所主持，自 1976 年该项目开工建设以来，不断地改造落后、陈旧的基础设施，改建破败的工业厂房，以及增建教育和文化设施等。到 80 年代中期，这些建设已成功地取得显著的开发效应。

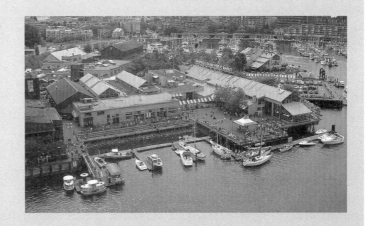

✂ 美国巴尔的摩内港（1980）

巴尔的摩港是美国主要的工业港口之一，占地面积 12.8hm^2，第二次世界大战之后，巴尔的摩港区日益萧条。20 世纪 50 年代中期，巴尔的摩城市规划委员会开始策划启动城市更新的开发项目，1964 年完成发展概念规划，总投资 2.6 亿美元；70 年代改造全面展开，1980 年港湾市场改造完成，从此，内港区的面貌发生了惊人的变化，每年吸引游客 700 万人，成为整个美国、乃至全世界滨水工业遗产改造的经典案例。

✂ 美国纽约南街海港（1982）

南街海港位于华尔街和下曼哈顿等著名的商业及旅游景点的步行范围内，早在 19 世纪上半叶，繁华的南街港就被誉为“船之街”，到 20 世纪中叶，南街港口区建筑已经破败。1967 年南街港博物馆建成使用，成为南港区改变用地使用功能的第一个改建开发项目。1982 年福顿市场大楼扩建和 17 号码头的附属建筑建设是整个南街港最为成功的典范。17 号码头原来是曼哈顿岛上仓储性质的码头，现变成了娱乐、购物和休闲的场所，改造以后由于它独特的地理位置和历史文化氛围成为纽约五个最吸引人的地区之一。

❋ 日本小樽运河和石造仓库群（1986）

　　小樽运河位于小樽市，是北海道唯一的、也是最古老的一条运河。当年北海道的拓荒者为解决粮食、蔬菜、衣物等必需品的运输问题，设计并开凿了这条河渠，它是北海道拓荒历史的象征，也是拓荒者智慧和文化的结晶。运河1914年动工，1923年开通，运河沿岸排列着建于明治、大正时期的石造仓库，是小樽市作为日本北海道金融、经济中心的象征，甚至被人称为"北方的华尔街"。后来由于第二次世界大战，丧失了运河的功用。如今，经过仔细规划、整治后的石造仓库建筑都改成了玻璃工艺品商店、茶馆、餐厅和大型商铺等，与运河一起，成为一处每年吸引900多万游客的旅游胜地。

❋ 法国巴黎拉·维莱特公园（1987）

　　拉·维莱特公园位于巴黎市东北角，曾经是巴黎有百年历史的中央菜场、屠宰场、家畜及杂货市场，1974年迁走。1982年的公园设计竞赛中伯纳德·屈米的方案中奖。公园占地55hm^2，园内有两条运河，为东西走向的乌尔克运河和南北走向的圣德尼运河。乌尔克运河把公园分为南北两部分，南区以艺术氛围为主题，北区展示科技与未来的景象。改造后的拉·维莱特公园集花园、喷泉、博物馆、演出、运动、科学研究、教育为一体，融入田园风光，结合生态景观设计理念，以独特的甚至被视为离经叛道的设计手法，为市民提供了一个宜赏、宜游、宜动、宜乐的城市公共空间。

✕ 德国杜伊斯堡北部景观公园（1990）

　　杜伊斯堡北部景观公园面积 200hm²，由有百年历史的 AG·Thyssen（蒂森）钢铁厂改建而成。Thyssen 钢铁厂在历史上曾辉煌一时，但却无法抗拒产业的衰落，于 1985 年关闭，无数的老工业厂房和构筑物很快淹没于野草之中。1989 年，政府决定将工厂改造为公园。1990 ~ 2001 年，杜伊斯堡北部景观公园的总设计师彼得·拉兹共完成了 9 个子项目的设计，使该公园逐渐成为世界上最为著名的后工业景观的代表作。

✕ 挪威奥斯陆阿克布吉滨水区改造（1990）

　　阿克布吉滨水区位于奥斯陆湾北岸，规划面积 24hm²，建筑占地则约 8hm²。20 世纪 80 年代运营了 130 多年的 Nyland 造船厂倒闭，1982 年政府为激发阿克布吉地区的活力，为其举行了名为"2000 年的 Oslo Gity And Oslo Harbour"的公开设计竞赛，并在 1985 年正式动工改造。改造分三期进行，一期工程位于市政厅和码头之间，以老造船厂厂房改建为主，1986 年完成；二期工程以新建建筑为主，面积 10 万平方米，包括 4 座主要建筑和 1 个庆典广场；三期工程包括 120 个居住单元和办公空间。改造完成后的阿克布吉滨水区变身为奥斯陆最重要的商业文化中心和市民聚集的公共活动空间，每年吸引游客约 600 万人次。

❈ 澳大利亚悉尼达令港码头区（1991）

达令港位于悉尼市中心的西北部，曾经是悉尼铁路站场和港埠所在地，后一度废弃衰落。1988 年，作为澳大利亚最大的城市复兴计划，达令港被改造成为庆典的中心场所。改造建设内容包括会展中心、临海散步道、国家海洋博物馆、海湾市场、旅馆以及高架环路单轨电车线路等。达令港整体开发历时 3 年多，如今其不仅是悉尼最缤纷的旅游和购物中心，也是举行重大会议和庆典的场所。

❈ 法国巴黎雪铁龙公园（1992）

雪铁龙公园占地 45hm²，位于巴黎西南角，濒临塞纳河，是利用雪铁龙汽车制造厂旧址建造的人型城市公园。1919 年建厂，一直使用到 20 世纪 70 年代，在首都城市化战略要求以及产业发展的需求下迁出巴黎，市政府决定在原址上建造公园，并于 1985 年组织了国际设计竞赛。公园由南北两个部分组成，北部有白色园、2 座大型温室、6 座小温室和 6 条水坡道夹峙的序列花园以及临近塞纳河的运动园等；南部包括黑色园、变形园、大草坪、大水渠以及边缘的山林水泽仙水洞窟等。公园内看不到雪铁龙工厂的厂房或者原来工业生产时所用的机械装备等，但是工厂留给这片土地的痕迹已经通过公园的整体空间布局呈现给了公园的使用者。设计者把传统园林中的一些要素用现代的设计手法重新展现出来，是典型的后现代主义设计思想的体现。

意大利热那亚旧港口改造（1992）

热那亚旧港口（Porto Antico）地区于1992年得到了“哥伦比亚博览会”对其首次更新的资助，伦佐·皮亚诺承接了这个项目。热那亚将港口变为滨水区是其在整个历史中心区开展城市更新的开始，历史中心区的更新要兼顾建筑修缮和文化活动组织，这将大量增加休闲设施的数量，大幅提升人们的环境意识。在项目涉及的所有地区中，棉花仓库地区（Cotton Warehouses）的升级转变最为深刻。该地区功能丰富，能够为各个年龄阶层的民众提供休闲娱乐服务（图书馆、迪厅、购物中心、电影院、酒吧、餐馆和游戏场所）。在旧港口地区，散布着水族馆、餐馆和其他游乐设施，以及旅游接待、居住和商业设施，这为整个地区土地的紧凑使用树立了榜样。2007年，热那亚旧港口吸引了来自世界各地的大约170万游客。

新加坡克拉克码头改造（1993）

码头区面积大约为2.3hm^2，是19世纪新加坡河上最繁荣的河运中心。区内建筑带有强烈的东西合璧特色，大都为圆形拱门、坡屋顶与骑楼。但随着经济转型和社会发展，这一地区在20世纪80年代以后因残破不堪而废弃了。新加坡政府在1988年决定将克拉老码头区保护并利用起来。1993年改造后的克拉码头转变为一个大型购物、餐饮与娱乐区。其历史建筑都被保留了下来，外部经过符合原有建筑特征的整修，内部则完全时尚化。200余家各具特色的商店、餐厅、酒吧、俱乐部、陈列馆等围绕十字形步行街徐徐展开，美食节、跳蚤市场、街头杂耍、木筏赛等特色城市活动也在这里开展。多样化的功能、丰富的活动、别具特色的历史氛围使这里每天能吸引1.8万余人。

德国弗尔克林根炼铁厂（1994）

弗尔克林根炼铁厂位于德法边界德国最小的州——萨尔州的弗尔克林根市，建于1873年，其在1890年前后是当时德意志帝国最重要的炼铁厂之一，1986年停产，1994年被联合国教科文组织列入世界文化遗产名录。如今，它成为工业博物馆，一些小型的模具房也被改造为地方大学的实验中心和实习基地，矿石堆场被改造成摄影和图片艺术展厅。2000年向公众开放，60万平方米的展区已接待了上百万的游客。

法国巴黎贝尔西公园（1995）

贝尔西公园所在区域自18世纪以来，一直是巴黎重要的葡萄酒仓库区。1987年，巴黎市政府在总结了雪铁龙公园和拉·维莱特公园的基础上，试图将贝尔西公园的设计打造成利用城市工业荒地的典范。公园长710m，宽190m，面积13.5hm^2，1995年建成开放。公园在协调城市关系、体现地区特征、延续历史文脉、保护生态环境和满足居民使用要求等方面都做得较为成功。展现在世人面前的贝尔西公园在设计风格上主要表现为多时期建筑风格的并存，同时也具有较强的中世纪乡村风格。

❈ 法国巴黎雀巢公司总部（1996）

法国巴黎雀巢公司总部是由坐落在巴黎郊外马奈河畔的麦涅巧克力工厂改造而成，该工厂占地面积 14hm²，被认为是现存于世的第一座完全由铸铁构件制成的建筑，已被列入历史遗产保护名单。1993 年，在历史遗产保护和再利用的背景下，人们对这座工厂的旧建筑进行了保护性改造工作，总投资 8 亿法郎。在改造旧建筑的同时，业主还新插建了部分新建筑和 4hm² 的绿地，不仅获得了新的使用功能，同时还很好地保持了原有的历史风貌特点。

❈ 德国鲁尔区"工业遗产之路"（1998）

鲁尔工业区曾经是欧洲最大的工业区，一直是德国的煤和钢铁生产基地，在德国现代经济发展史上曾占有重要位置，面积为 4400km²。然而在 20 世纪 60～70 年代遭遇了"煤炭危机"和"钢铁危机"后，鲁尔工业区一度陷入低谷。自 80 年代末开始进行大规模经济结构调整以来，对传统工业区的改造成为区域复兴发展战略的重要组成部分，大部分被废弃的老工业区都在国际建筑展览（IBA）的区域整治计划中被赋予了旅游、娱乐、休闲、展览等全新职能。1998 年鲁尔区制订了一条连接全区旅游景点的区域性旅游路线，被称为"工业遗产之路"，其连接了 19 个工业旅游景点、6 个国家级博物馆和 12 个典型工业城镇等，并规划了 25 条旅游线路，几乎覆盖整个鲁尔区，成为鲁尔区发展以工业观光为主的文化旅游的重要资源，堪称在区域尺度上进行老工业区改造的最佳范例。

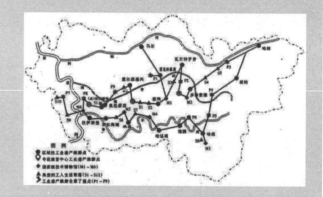

✖ 英国伦敦码头区再造项目（1998）

伦敦码头区改造项目是 20 世纪 80 年代后伦敦中心区最大规模的房地产项目之一，包含商业、住宅、办公等复合功能。30 年代是伦敦码头区发展的鼎盛时期。1961 ~ 1981 年，码头区逐渐衰败下来。1981 年 7 月由政府牵头组成的半官方性质的都市综合体开发商——伦敦码头区开发有限公司开发。通过对整体区域的准确定位，改变了伦敦市金融和商业中心的格局，成为英国及欧洲最繁忙、最重要的商业区。1998 年完成了历史使命的伦敦码头区开发有限公司正式解体，但在其存在的 17 年间，通过伦敦东部 22km² 的码头区改造，创造了 12 万个就业机会，把一座空城变成了伦敦最有活力的新区。

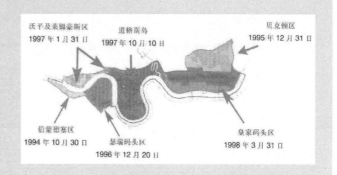

✖ 德国杜伊斯堡内港改造项目（1999）

内港是杜伊斯堡中非常重要的一个区域，它具有世界上最大的 1.8km 长的内海港。如同整个鲁尔区一样，杜伊斯堡市在过去的几十年里也经历着一场经济结构的变迁。杜伊斯堡内港因港口企业的搬迁和关闭，变成了工业废弃地。由于 1989 ~ 1999 年的国际建筑博览会的契机，使得杜伊斯堡内港区的复兴和港区与城市的融合成为鲁尔区城市结构转型和城市可持续发展最好的例证之一。R·福斯特事务所在这个 89hm² 的设计区域中利用了许多值得再利用的旧仓库、空地，为今后的几十年开发寻找出路。

瑞典哥德堡河港新城（ERIKSBERG）码头区（2000）

河港新城位于哥德堡西部的 Hisingen 区（希辛延区），原为船舶发动机制造厂和船坞区，这些工厂始建于 19 世纪末 20 世纪初，后逐渐衰落下来，大量厂房被空置。自 20 世纪 80 年代开始，哥德堡市提出建设“友好的城市”的目标，在主导产业转型和地区发展的推动下对河港新城地区进行改造与更新。1992 年，在北欧范围内开展了该地区城市设计竞赛，城市设计的范围为 52hm^2。进入 21 世纪，原厂房被改造成为既保持传统又有丰富功能的公共建筑，为该地区引进了各类公司和机构。

英国泰特现代艺术馆（2000）

位于英国伦敦泰晤士河南岸。艺术馆由原本要拆除的建于 1963 年的火力发电厂改建而成，由瑞士建筑师赫尔佐格和德梅隆设计。2000 年开馆，耗资 2.5 亿美元。经过 5 年的经营发展，这里成为全世界吸引游客最多的美术馆之一，是英国文化创意产业发展的典范，同时带动了泰晤士河南岸地区从贫困衰退的旧工业区走向富裕的文化繁荣地区。

❀ 德国埃森"关税同盟"煤矿工业区（2001）

　　19世纪初建立的德国埃森"关税同盟"煤矿工业区，是世界上最大的、最现代化的煤矿工业区。这个至今保留完整的煤矿区，成为鲁尔区经济转型的标志。当年的冲压车间被改造成了鲁尔区最有品味的餐厅，昔日的厂房车间也被改建成为上演流行歌舞剧的大型剧场。在这个"鲁尔区最具吸引力的煤矿"，游客可以追寻20世纪20～30年代重工业时期，现代艺术的发展脚步。2001年被联合国教科文组织列入世界文化遗产名录。

❀ 奥地利维也纳煤气厂（2001）

　　奥地利维也纳煤气厂建于1896～1899年，由四个直径64.9m，高72.5m的巨型砖构煤气储气罐组成，该煤气储气罐是欧洲最古老、也曾是最大的储气罐。1999年，以煤气罐为中心的地区被列入开发计划。开发的总体概念是充分尊重煤气储罐在城市历史中扮演的角色，创造一个以煤气罐为标志的新城区。保留煤气罐原有外观，通过内部的彻底改建来适应功能转换，使其既适合现代生活所需，又能让人从外观上清晰地辨认出它们昔日的功能和历史。四个煤气罐的改建设计分别由让·努维尔、蓝天小组、曼弗雷迪·威道恩（Manfred Wehdorn）和威廉·霍兹鲍耶（Wilhelm Holzbauer）完成。改建后这里成为集公寓、商业、娱乐和办公为一体的"煤气厂城"。

❋ 美国宾夕法尼亚州利哈伊谷伯利恒钢铁厂（2002）

伯利恒钢铁公司曾是美国第二大的钢铁制造商，同时也是世界最大的船舶制造商之一，占地面积 2000 英亩（约 8.1km²），钢铁厂于 1995 年关闭，但那个标志性的 285ft（86.9m）高的高炉依然屹立在那里。Sands Bethworks 事务所的改造为百年钢铁帝国的旧工业遗产带来了新的生命。改造总投资 15 亿美元，目的是保持和提升历史悠久的工业环境，同时利用该场地，作为吸引经济投资增长的新潜力。如今这片历史遗迹成为融合美国国家工业博物馆、会议中心、运动场馆、电影院、娱乐中心等功能为一体的动力十足、可持续以及适于居住的综合社区。

❋ 澳大利亚墨尔本维多利亚港区改造（2003）

墨尔本港区位于繁华的维多利亚港中心商务区西侧，19 世纪 30 年代开始成为墨尔本早期的工业所在地。20 世纪 70 年代，随着新港口的修建，维多利亚码头区开始衰退。码头区占地 200hm²，毗邻城市的商务中心区，是一个长约 7km 的滨水地带的中心。改造计划从 2003 年开始，将一直持续到 2015 年。维多利亚港区作为新的城市设计改造工程，具有陆地和水面的双重用途，并结合居住、工作和旅游目的地等多重功能，大量运用现代信息技术。改造后的码头区将成为智能城市，具有大众化、媒介化的特点，人们可以在任何地点、任何时间感受到信息港的独特之处。

❋ 荷兰阿姆斯特丹西煤气厂文化公园（2004）

西煤气厂建于 19 世纪，位于市中心，占地面积 12hm^2。1960 年停产，1997 年市政委员会就这一地块的再利用征集改造方案。公园的整体设计包括遗址部分和邻近公园，总面积达到 124hm^2，既可为公共活动提供场所，又具有一定的生态功能，于 2004 年建成。公园的建设是一个综合的项目，要治理工业带来的土壤污染，满足商业、文化、休闲、生态和观赏的多种功能。开放空间用新兴、进步的设计理念将历史遗迹、结构和空间整合在一起；可回收的步道砖材料，软质的植物景观和供水系统厂区改造提供了一个新的可持续发展的途径，因此，西煤气厂文化公园为其他棕地社区改造提供了有益的借鉴意义。

❋ 澳大利亚悉尼渥石湾码头区改造（2006）

渥石湾原是悉尼港口重要的组成部分，由于 20 世纪 70 年代以后大型集装箱运输的兴起而逐渐衰落。19 世纪期间，渥石湾的城市景观由私人码头、仓库与贫民区式的住宅组成。1912 ～ 1921 年期间，亨利·丁·渥石对渥石湾进行了整改。1994 年州政府邀请私人财团参与渥石湾的重新开发，组建了渥石湾地产集团，并与大型澳大利亚工程公司联合；建筑师安德鲁·安德森率领的设计团队的设计方案中标，取得了渥石湾的再开发权。1999 年 5 月最终方案得以实施。改造后的码头区功能以高级公寓、酒店及文化娱乐产业为主，老的码头仓库由于极具特色的室内空间而成为一些创意公司的 LOFT 办公区。它给同类地区的旧城改造提供了一种新思路，即这种地段不仅能改造成热闹的休闲区，而且能成为高尚优雅的居住、文化区，因为人们愿意生活和工作在传统的街区中。

❋ 法国圣纳泽尔潜艇基地 14 号船坞（2007）

潜艇基地坐落在圣纳泽尔港口进入卢瓦尔河的入口处，距离市中心大概 1km，潜艇库的仓体建于 1943 年，长 295m，宽 130m，高 15～17m，占地 3.7hm²，外墙厚 2.5m，内墙厚 1.5m，屋顶厚 4～9m，全部为钢筋混凝土结构。14 号船坞位于整个潜艇基地的南端，原来是潜艇的停泊处，由两部分组成：先前的工作间与储藏间，以及容纳了通向港口的水池的潜艇库。2007 年仓体改造完成，成为一个吸引人的、适宜于新功能的场所。改造项目包括两个文化单元：LIFE（国际中心）和 VIP（当代音乐馆、内街、雷达罩）。该项目捕捉住了地段内在的特质，对原始而具有冲击力的结构只做了最小化的改造，而增强了仓体单元的神秘氛围，改造的微妙特质与原始结构的粗犷性格形成了强烈对比。

❋ 英国纽卡斯尔奥斯本河谷保护区（2008）

奥斯本河谷地区位于纽卡斯尔市中心东部，自 17 世纪起，奥斯本河谷地区集聚了英格兰大部分的玻璃工业，之后又陆续发展了钢铁、炼焦、机械、电器仪表、化学和食品加工等工业。19 世纪，这一地区工业发展进入鼎盛时期。到 20 世纪 70 年代，地区内一些建筑被拆除，逐渐成为停车场地和仓库堆场地。90 年代复兴策略开始推广，政府筹措资金用于实施具有草根性质的更新计划，包括帮助商业项目启动、历史保护和环境整治、公共艺术品等软性基础设施改善。2000 年 10 月，奥斯本河谷地区被公布为保护区。2003 年，奥斯本地区获得了英国政府颁发的可持续社区最佳范例奖。2008 年，英格兰东北地区发展基金发起了一项名为"完成复兴"（Completing Regeneration）的计划，希望依靠公共投入进一步吸引私人投资，奥斯本河谷地区的复兴实践还在继续。

❋ 德国汉堡港口新城（2009）

汉堡是德国北部重要的工业中心、航运枢纽。港口新城位于易北河北岸，靠近汉堡市中心，规划面积 157hm²，其中陆地面积 123hm²，总建筑面积 232 万平方米。港口新城通过码头区改造，转变成为一个融合居住、休闲、旅游、商业和服务业于一体，具有水上特色的、富有现代气息的新型城区。1997 年项目启动，2000 年通过总体规划方案，开始基础设施建设，土地平整和企业搬迁也同步进行。2009 年第一个街区已经全面完工。该项目是欧洲近 10 年来规模最大的内城更新项目，通过这个项目可以将汉堡市中心区面积扩大约 40%。

❋ 德国多特蒙德凤凰旧工业区（2010）

凤凰工业区起源于 1841 年，1926 年形成东西两区工业基地，1998 年西区的钢铁厂关闭，东区的厂房也随后废弃，2000 年启动"多特蒙德计划"。相比于鲁尔区以工业遗产保护为主的工业区改造，凤凰旧工业区以新工业园建设和住宅区开发为目的的改造，更贴近我国的实际情况而具有借鉴意义。作为曾经的钢铁产业基地，多特蒙德现在已完全摆脱了重工业的经济模式，而逐渐成为德国新兴科技产业中心，其高等学校的数量也在鲁尔区领先。经济结构变化推动了城市空间功能的转型，多特蒙德已成为现代化的科技工业园和适宜生活的高品质住区。

❈ 英国利物浦威拉尔水域（2010）

英国利物浦威拉尔水域，这个建筑面积为170万平方米的规划申请，是由开发商皮尔控股公司在2009年12月提出的，并于2010年获得了批准，项目将创造2万个以上新的工作位置。该项目将围绕"威拉尔水域规划"的废弃的伯肯赫德码头区，建设1.4万套新的住房，以及40万平方米的办公空间、6万平方米的零售空间、3.8万平方米的旅馆和会议设施、10万平方米的文化、教育、社区和休闲空间。这个庞大的项目预计将在30年内完工。

❈ 美国纽约 High Line（2011）

High Line 是美国20世纪30~70年代的货车运输轨道，为当时的工厂仓库输送原料。80年代这条铁路线不再使用，2002年纽约市决定将废弃铁路所在地区重新利用做成一座位于曼哈顿中城西侧的线型空中花园，以促进各种城市生态的融合。2006年项目正式启动，由 Diller Scofidio + Renfro 建筑事务所主持设计。2009年项目最南段一期工程完工，从甘瑟弗尔特大街到20街，长约1.45mi（2.33km），宽为30~60ft（9.1~18.3m），大部分位于肉类加工区，小部分位于西切尔西；2011年二期工程建成开放，从20街到30街；最后一部分则从第十大道的30街到哈德逊河及34街，计划与规划中的"哈德逊庭院"新中城商业发展区的河滨开放空间相融合。一条废弃的城市铁路改造成公园，是内城复兴的一个标志和催化剂，促进了沿线社区的融合和房地产业的振兴发展。

✾ 法国南特岛复兴项目（2011）

南特岛是近现代法国西部重要的造船基地。第一个造船厂落户于南特岛是在19世纪下半叶。1987年，Dublgeon船厂的倒闭标志着南特的船舶大生产时期进入尾声，同年，南特岛复兴项目正式启动。南特岛复兴项目的总体目标是通过全方位的改造达到社会、经济、文化、环境的全面复兴。对工业遗产的保护和再利用提出了"尊重与改变"并重的理念，即通过再利用积极回应城市复兴所提出的要求，改变其中不适应、不合理的部分，充分挖掘、展示并创新性地利用遗产所具有的文化内涵，使其全面推动城市复兴。复兴计划包括滨水空间再生计划、工业遗产保留与再利用、"岛屿机械"与造船厂改造等项目。其中滨水空间设计计划分2007年、2009年和2011年三期进行。

✾ 瑞士巴塞尔诺华园（2011）

巴塞尔是欧洲的化工业重镇，诺华园的原址曾经为化工、制药行业工厂区，有著名的桑多斯化工厂、圣·约翰工厂等。化工厂始建于19世纪下半叶，历经第一次世界大战时期的起跳腾飞和20世纪50~60年代的建设高峰，直到70年代建设热潮进入尾声。2001年诺华集团批准园区总体规划，新规划旨在建立"创新、求知、融汇的园区"，将旧厂区和仓库用地改建为科技园区，面积20hm²。2011年5月中旬，工厂大街两侧的建筑物已基本完工并开始使用，各栋建筑物的柱廊以相同的位置、相似的立面比例、连贯的序列、迥异的形式与材料，及其丰富多彩的商业服务，如饭店、咖啡店、酒吧、超市等吸引着大量人群，已成为该地区每日生活中社交交流最频繁发生的城市空间。

意大利都灵多哈工业公园（2012）

2004年，拉茨与合伙人事务所赢得了在意大利都灵设计的多哈工业公园国际投标的项目，并在后来的2年中进行了不断深化设计。项目于2006年年底开始实施，2012年建成。这块工业用地是原有菲亚特汽车厂的工业用地，后来大尺度的工业用地转变为开放的公园。改造的总体规划理念仍然延续彼得·拉茨的一贯原则，对现有的工业景观进行保留并重新诠释，使其成为历史的见证，并展示这种从工业场地向开放公园变迁的过程。

德国柏林滕佩尔霍夫机场（2013）

滕佩尔霍夫机场于1923年启用，是欧洲最早开放的机场之一，曾是德国航空业的标志，由于亏损严重，2008年停止运营。2013年柏林市参议院宣布，将废弃已久的柏林滕佩尔霍夫机场改建成一座大型的公共文化中心。改建后的文化中心将包括图书馆、画廊、活动空间、餐厅和一座儿童图书馆，可同时容纳3200名市民。文化中心将于2016年动工，工期5年，总成本约为2.7亿欧元。

参考文献

[1] 王建国等. 后工业时代产业建筑遗产保护更新. 北京：中国建筑工业出版社，2008.

[2] 刘伯英，冯忠平. 城市工业用地更新与工业遗产保护. 北京：中国建筑工业出版社，2009.

[3] 朱文一，刘伯英. 2010 年中国首届工业建筑遗产学术研讨会论文集：中国工业建筑遗产调查研究与保护. 北京：清华大学出版社，2011.

[4] 朱文一，刘伯英. 2011 年中国第 2 届工业建筑遗产学术研讨会论文集：中国工业建筑遗产调查、研究与保护（二）. 北京：清华大学出版社，2012.

[5] 陆地. 建筑的生与死：历史性建筑再利用研究. 南京：东南大学出版社，2004.

[6] 陈宇. 建筑归来：旧建筑改造与再利用精品案例集. 北京：人民交通出版社，2008.

[7] 于冰. 新建筑改造实例. 北京：中国建筑工业出版社，2008.

[8] 思木达. 华丽转身：旧建筑改造实录. 南京：江苏人民出版社，2013.

[9] 赵崇新. 当代中国建筑集成：工业地产与工业遗产. 天津：天津大学出版社，2013.

[10] 都市实践. 筑迹——建筑的奇迹与痕迹. 北京：中国建筑工业出版社，2013.

[11] 黄锐. 北京 798. 成都：四川美术出版社，2008.

[12] 香港理工出版社. 城市改造：重塑与再生. 武汉：华中科技大学出版社，2012.

[13] 唐艺设计资讯集团. 时代楼盘：建筑重生. 广州：广东经济出版社，2012.

[14] 俞孔坚，庞伟. 足下文化与野草之美——产业用地再生设计探索，岐江公园案例. 北京：中国建筑工业出版社，2003.

[15] 王西京等. 西安工业建筑遗产保护与再利用研究. 北京：中国建筑工业出版社，2011.

[16] 俞坚，张兴国等. 杭州凤凰·创意国际一期综合改造工程. 见：张兴国等主编. 2009 当代中国建筑创作论坛：重庆论文作品集. 重庆：重庆大学出版社，2009.

[17] 张毅杉，夏健. 塑造再生的城市细胞——城市工业遗产的保护与再利用研究. 城市规划，2008，（2）：22 ~ 26.

[18] 刘伯英. 中国工业建筑遗产研究综述. 新建筑，2012，（2）：4 ~ 9.

[19] 王铁铭. 中国工业遗产研究现状述评. 城市建筑，2013，（22）：345 ~ 348.

[20] 王高峰，孙升. 中国工业遗产的研究现状. 工业建筑，2013，（1）：1 ~ 3.

[21] 谢涤湘等. 我国工业遗产保护及再利用的思考. 工业建筑，2013，（7）：9 ~ 12.

[22] 章菲等. 工业遗产保护研究现状与展望. 科技经济市场，2013，（9）：62 ~ 65.

[23] 罗彼德，简夏仪. 中国工业遗产与城市保护的融合. 国际城市规划，2013，（1）：56 ~ 62.

[24] 李兵营. 城市工业建筑遗产保护性再利用的模式探讨. 工业建筑，2009，（S1）：4 ~ 6.

[25] 李雪梅. 北京798：从军工厂到艺术区. 中国国家地理，2006，（6）：114 ~ 133.

[26] 陶磊. 悦·美术馆. 城市环境设计，2013，（4）：80 ~ 85.

[27] 梁井宇. 伊比利亚当代艺术中心. 世界建筑，2009，（2）：42 ~ 49.

[28] 王永刚. "再生产"——751及再设计广场改造. 建筑技艺，2010，（12）：100 ~ 109.

[29] 宗轩. 工业建筑遗产保护与更新研究——半岛1919的前世与今生. 城市建筑，2012，（3）：39 ~ 44.

[30] 宋婷. 转型期创意园区与城镇要素的联动发展机制探讨——以上海M50·半岛1919创意园为例. 现代城市研究，2012，（9）：86 ~ 92.

[31] 周雯怡，皮埃尔·向博荣. 工业遗产的保护与再生——从国棉十七厂到上海国际时尚中心. 时代建筑，2011，（4）：122 ~ 129.

[32] 皮埃尔·向博荣，周雯怡. 上海国际时尚中心. 设计家，2011，（4）：80 ~ 85.

[33] 范明亮. 上海东外滩十七棉厂工业遗产改造. 山西建筑，2011，（6）：8 ~ 10.

[34] 蒋淼. 基于建构理念的旧建筑再利用. 山西建筑，2012，（33）：39 ~ 41.

[35] 石红梅. 上海十七棉创意园的改造与设计理念. 建筑，2012，（24）：56 ~ 57.

[36] 俞坚. 旧建筑的再生与转化. 建筑与文化，2013，（2）：16 ~ 21.

[37] 刘寒青. 创意产业工业遗存建筑表皮界面改造研究——以杭州凤凰·创意国际产业园为例. 艺术与设计（理论），2010，（10）：110 ~ 112.

[38] 洪祎丹，华晨. 城市文化导向更新模式机制与实效性分析——以杭州运河天地为例. 城市发展研究，2012，（1）：42 ~ 48.

[39] 龚恺，吉英雷. 南京工业建筑遗产改造调查与研究：以 1865 创意产业园为例. 建筑学报，2010，（12）：29 ~ 32.

[40] 王彦辉. 城市产业类历史建筑的新生：以南京晨光机械厂旧址保护性改造再利用为例. 中国科学（E 辑：技术科学），2009，（5）：855 ~ 862.

[41] 王彦辉，刘强. 金陵机器制造局旧址内近现代工业建筑遗存及其修缮再利用. 建筑与文化，2011，（9）：104 ~ 106.

[42] 蔡晴，王昕，刘先觉. 南京近代工业建筑遗产的现状与保护策略探讨——以金陵机器制造局为例. 现代城市研究，2004，（7）：16 ~ 19.

[43] 肖靬，宗轩. 历史与现实的无缝对接——武汉汉阳造文化创意园设计评析. 城市建筑，2012，（12）：74 ~ 76.

[44] 沈禾，肖靬，宗轩. 大文化背景下的小房子——武汉汉阳造文化创意园设计师沈禾访谈. 城市建筑，2012，（16）：77 ~ 81.

[45] 陈春林. 成都东区音乐公园. 建筑学报，2012，（1）：60 ~ 65.

[46] 杨鹰. 成都东区音乐公园设计. 建筑学报，2012，（1）：66 ~ 67.

[47] 唐毅. 成都东区音乐公园改造思路及设计研究. 山西建筑，2012，（27）：30 ~ 31.

[48] 吴向阳. 深圳既有工业建筑改造为创意园的探讨：两个案例的分析和比较. 建筑学报，2010，（S1）：47 ~ 50.

[49] 刘晓都，孟岩，王辉. 制造历史——旧厂房的再生. 时代建筑，2006，（2）：48 ~ 53.

[50] 李文，张丽丽. OCT-LOFT 创意产业园转型实践. 山西建筑，2012，（23）：11 ~ 13.

[51] 洪泉，唐慧超. 旧工业建筑的 LOFT 开发模式对比研究——以北京 798 工厂与深圳华侨城 LOFT 为例. 沈阳建筑大学学报（社会科学版），2009，（4）：408 ~ 411.

[52] 诸武毅，刘云刚. 深圳 OCT-LOFT 华侨城创意产业园的空间生产. 华南师范大学学报（自然科学版），2013，（5）：106 ~ 110.

[53] 吴玥，石铁矛. 旧工业居住区的更新改造实践——沈阳市铁西区工人村更新改造设计. 现代城市研究，2009，（11）：65 ~ 69.

[54] 陈伯超，刘万迪等. "沈阳工业文化廊道"设计研究. 建筑学报，2012，（1）：36 ~ 39.

[55] 范晓君. 浅议沈阳铁西区工业遗产的保护和旅游再利用. 中国地名，2011，（11）：31 ~ 32.

[56] 俞孔坚，庞伟.理解设计：中山岐江公园工业旧址再利用.建筑学报，2002，（8）：47～52.

[57] （美国）Mary G.Padua，刘君译.工业的力量——中山岐江公园：一个打常规的公园设计.中国园林，2003，（9）：6～12.

[58] 王荃.可持续动态景观设计方法初探——以广东中山岐江公园为例.建筑学报，2009，（4）：96～97.

[59] 俞孔坚.中山岐江公园景观规划设计.城市环境设计，2010，（10）：188～191.

[60] 俞孔坚.足下的文化与野草之美——中山岐江公园设计.新建筑，2001，（5）：17～20.

[61] 李军，胡晶.矿业遗迹的保护与利用——以黄石国家矿山公园大冶铁矿主园区规划设计为例.规划师，2007，（11）：45～48.

[62] 李军，李海凤.基于生态恢复理念的矿山公园景观设计——以黄石国家矿山公园为例.华中建筑，2008，（7）：136～139.

[63] 王国慧.江南造船厂：中国人从这里踏上追赶西方之路.中国国家地理，2006，（6）：73～83.

[64] 阳毅，于志远.上海世博会江南公园景观改造方法研究.建筑学报，2010，（12）：25～28.

[65] 阳毅等.特殊场地、特殊事件、特殊景观——以2010上海世博会江南公园为例谈新形势下的景观设计.中国园林，2010，（5）：12～16.

[66] 于志远等.场地的生长：2010上海世博园区江南公园创作.中国园林，2010，（2）：52～53.

[67] 陈云琪等."江南文化"驻留浦江畔——江南造船厂保护与再利用的前期研究.时代建筑，2006，（2）：68～71.

[68] 王雪.城市工业遗产研究：[学位论文].沈阳：辽宁师范大学，2009.

[69] 张毅杉.基于整体观的城市工业遗产保护与再利用研究：[学位论文].苏州：苏州科技学院，2008.

[70] 韩育丹.面向创意产业园的旧工业建筑更新研究：[学位论文].西安：西安建筑科技大学，2007.

[71] 刘明亮.北京798艺术区：市场语境下的田野考察与追踪：[学位论文].北京：中国艺术研究院，2010.

[72] 黄文韬.工业建筑遗产保护与更新机制研究——以"798"与"751"园区为例：[学位论文].北京：北京建筑大学，2013.

[73] 黄琪.上海近代工业建筑保护和再利用：[学位论文].上海：同济大学，2007.

[74] 陈炎焱.杭州市工业遗存景观更新研究：[学位论文].杭州：浙江大学，2010.

[75] 徐赞.杭州市沿运河产业类建筑遗产保护与再生研究：[学位论文].杭州：浙江大学，2012.

[76] 吉英雷.南京 1865 创意产业园建筑改造模式研究：[学位论文].南京：东南大学，2010.

[77] 王紫茜.南京创意产业园工业遗产地景观保护与再利用研究：以三个实例为例：[学位论文].南京：南京艺术学院，2010.

[78] 陈峰.基于事件视角的历史建筑再生研究：[学位论文].武汉：华中科技大学，2011.

[79] 李林林.汉阳工业区龟北片区产业类历史建筑保护与再利用研究——以汉阳造文化创意产业园为例：[学位论文].武汉：华中科技大学，2012.

[80] 朱建伟.基于"城市触媒"理论下的城市旧工业厂区更新策略研究：[学位论文].西安：西安交通大学，2013.

[81] 耿创.基于旧工业建筑改造的创意产业园的设计研究：[学位论文].西安：西安交通大学，2010.

[82] 陈雪松.沈阳市铁西旧工业区更新策略研究：[学位论文].哈尔滨：哈尔滨工业大学，2009.

[83] 李淼.可持续发展下旧工业建筑改造再利用——以西安建筑科技大学东校区为例：[学位论文].青岛：青岛理工大学，2011.

[84] 郑向国.废旧工业厂房区的景观化改造研究——以中山岐江公园、武汉锅炉厂景观改造为例：[学位论文].武汉：华中科技大学，2007.

[85] 潘俊峰.历史文脉空间的再造——中山岐江公园景观文化价值分析及启示：[学位论文].北京：中国艺术研究院，2007.

[86] 肖静蕾.矿山公园景观规划设计研究——以黄石国家矿山公园为例：[学位论文].武汉：湖北工业大学，2010.

后　记

　　城市是人类有史以来最为复杂的聚居形式,是文明的容器,在它的发展过程中沉淀下来许许多多的"城市记忆",大到山川河流,小到衣食住行。其中,建筑是最为重要的且与人息息相关的人工环境,承载了丰富的文化内涵,是城市记忆最为主要的直接载体之一。

　　人类情感的延续,城市记忆的唤起需要"老房子";时代的发展,生活的改善也同样需要"新建筑"。新与老的共存,老与新的交织构成了城市历史发展的丰富画卷。这种多样性体现了现实的价值与对未来的设想,实现历史、现实与未来的共存。

　　城市工业建筑遗产保护更新是一个庞杂而又繁复的工作,牵涉到大量的相关学科,它属于当代建筑学、文化遗产保护领域的前沿性课题,目前在我国方兴未艾,全国各地、各方面均在积极探索,而且取得了大量的且有借鉴意义的经验和教训,为我国工业建筑遗产保护更新的理论和实践研究奠定了良好的基础。

　　本书的编写得到了许多前辈和友人的支持和帮助,在此一并感谢。限于笔者自身的理论水平与研究范围,本书必然会有诸多遗漏与未尽之处,在此恳请学界前辈和同仁批评指正。同时,希望更多的有识之士关注并且参与到蓬勃兴起的工业建筑遗产保护更新的理论和实践研究的潮流中来,为我国的工业建筑遗产保护更新事业做出自己的努力。

韦峰

二○一四年四月十六日

于郑州大学盛和苑明园